21세기 건축으로 미래를 보다

21/22
22세기 건축

송하엽 지음

효형출판

서문

현재의 건축물은 보는 이에게 어떤 의미로 다가갈까? 건물은 풍화작용에 의해 수명이 다하고, 유지·보수로 수명이 연장되기도 하지만 건물의 물리적 수명보다 건축이 어떤 의미를 일깨울 것인가에 주목해보자. 건축을 평가하기 위해서는 건물의 의미와 동시에 작용에 대한 해석이 중요하다. 건물은 단순한 도구가 아니며 구성 자체로 사회에 의미를 제시할 수 있다. 좋은 예술 작품이 세상을 이해하는 새로운 틀을 제시하듯이 건물도 텍스트로서 의미를 던질 수 있는 것이다. 건물은 예술품과 달리 사람이 드나들며 사용하기 때문에 순수하게 의미만을 전달하지는 못하지만, 움직이면서 경험하는 건축의 속성 때문에 건축의 의미가 점점 더 중요해지고 있다.

그렇다면 건축 해석은 얼마나 유효할까? 우리는 감히 100년 후 건축을 내다볼 수 있을까? 미래에 대한 해석은 통계적 호기심에서 비롯된 미래학적인 전망과는 다른, 미래에도 살아남아야 할 가치에 관한 논의이다. 서울시는 2013년부터 후손을 위해 남겨야 할 유형적 가치가 있는 장소와 유물을 '미래유산'으로 선정하고 있으나 건축물의 가치는 단기간에 쉽게 평가되지 않으며, 관심의 대상이기보다는 주변적 요소로 존재하는 속성이 강해 어떤 사회적 가치가 있는 것인지 역시 단기간에 판단하기 쉽지 않다.

이 책은 건축의 가치를 보다 명확하게 드러내기 위해서 건축과 도시의 자율성을 만드는 여섯 가지 영속적인 주제들을 부각하고자 한다. 건축과 도시의 자율적인 힘이 오래 지속되는 사회적 가치를 만들기 때문이다. '표면', '유형', '도시상상', '시간', '정신', '자연'이 그것이며, 이를 포괄하는 개념이자 22세기 건축 해석을 위한 대주제로는 지구에 사는 사람과 건물의 '얼굴', 이를 지탱해 주는 '땅', 환경을 아우르는 '혼魂'을 꼽았다.

22세기에도 의미체로 살아남게 될 건축은 어떤 조건을 갖추어야 할까? 미술관에 전시된 걸작들은 예술 작품으로서의 진정성과 미적 감동을 주며 거장의 삶의 자취를 느끼게 한다. 건축이 작품으로서 가치가 생기는 기준은 무엇일까? 2000년 전 건축에 관한 최초의 책인 『건축십서』를 남긴 비트루비우스Vitruvius가 말하길 건축은 견고함firmitas, 아름다움venustas, 기능성utilitas의 세 가지 조건을 갖춰야 한다. 지금도 이 조건들은 건축에서 여전히 중요하다. 동화 아기돼지 삼형제에 나오듯이 과거에는 돌집이 가장 튼튼한 집이었다. 2000년 전에는 돌집을 견고하게 짓기 위해 단단한 모퉁이돌cornerstone을 지그재그로 쌓았는데, 이는 그 자체가 하나의 미적인 느낌을 자아낼 뿐 아니라 유럽을 생각하면 떠올리게 되는 풍경이 되었다.

자연의 위협에도 끄떡없는 튼튼한 집은 전부 돌로 만들어야 하겠지만, 어디서 그 많은 돌을 다 구할 수 있었겠는가. 회반죽을 바른 부실한 벽이라도 모퉁이에는 돌을 붙여 튼튼하게 만들고, 기능적으로 지어진 집들이 모여 마을 전체가 아름답게 보이는 풍경을 만드는 것이 건축이 사회를 위해 해야 할 소임일 것이다. 비트루비우스는 욕심부리지 않고, 건축이라는 분야가 완수해야 할 기본적인 임무를 강조한 것이다.

집과 마을 그리고 이를 잇는 인프라의 거대 구조가 도시를 지탱하며 이 중 어느 하나라도 빠지면 건축은 제 기능을 발휘하지 못한다. 건축은 도시와 함께 존재할 때 빛나기 때문이다. 22세기에도 살아남을 건축의 가치는 건물이 서 있는 땅과 그곳을 지배하는 정신에서 떼어놓고 생각할 수 없다.

표면

비트루비우스의 명제는 건축에 항상 유효하게 적용될 수 있는 확고한 가치들이지만, 그 이상을 기대하게 하지는 않는다. 현재를 살아가는 우리는 건축에 어떤 가치를 기대할까? 지금은 건축의 모든 부분에서 비트루비우스의 명제 이상의 가치를 원한다. 건물이 지어지는 과정 자체가 다양한 가치를 생성한다고 볼 수 있다. 각기 다른 재료와 공정으로 세워지는 건물 벽은 도시에서 사람들의 배경을 이루는 캔버스가 되어 회화에서처럼 표정과 가치를 지니게 된다. 견고함을 넘어 어떤 표정을 보여주는지가 건축의 한 가치가 된 것이다.

건축의 표면, 파사드facade는 창과 함께 투명함의 불투명함을 동시에 지니며, 새로운 재료나 구성으로 도시 풍경에 변화를 주면서 입구와 창 앞의 덱deck이나 파티오patio 같은 공간과 어우러지기도 한다. 얼굴로 친다면 이목구비는 창과 파사드에, 피부는 건축의 표면에 해당한다. 구성이나 비례, 또는 재료에 따라 파사드는 아름다워 보이기도 하고, 창 너머와 파사드 앞에서 움직이는 사람들의 모습은 건축의 표면에 생기를 불어넣어 건물에 생동감을 더한다.

사회가 점점 더 고도화되고 건축과 건조 환경의 자연 친화적 성격이 부각될수록, 표면의 가치는 시각적 주목성이 아닌 '표면이 무엇을 하나' 하는 작용에 집중될 것이다. 역사적으로 건물 표면의 진화는 인간이 환경으로부터 자신을 보호하고 과시하기 위해 시작됐지만, 현대에 이르러 미래적이며 사유적일 수 있는 영역이 바로 건축의 표면이다. 도시민들이 매일 맞닥뜨리는 건물의 표면이야말로 건조 환경에 대한 성찰을 공유하는 사회적 메시지를 전달하는 장이 될 것이다.

유형

건축과 토목의 노하우를 이탈리아어로 정리한 비트루비우스의 『건축십서』는 건축·토목 전문가와 관심 있는 일반인도 볼 수 있는 책이었다. 한편 건축가 알베르티Leon Battista Alberti가 쓴 『건축론』은 인문학적인 관점에서 건물을 지을 때 고려해야 할 사항과 공공건물과 사유 건물을 구분하며 그 가치에 대해 언급했고, 라틴어로 쓰여 지식인만이 볼 수 있었다.

건물의 종류를 크게 공공건물과 사유 건물로 나누며 각각 추구해야 할 가치를 논한 것은, 건축을 유형적으로 접근했다는 뜻이다. 이는 품격을 의미하는 데코룸decorum이라는 가치에 따른 것이다. 이후 계몽주의 시대와 산업화를 거치며 건물의 기능에 따라 유형을 구분하였으며, 건축가 장 니콜라 루이 뒤랑Jean Nicolas Louis Durand에 이르러서는 그리스와 로마의 원형이 되는 건물을 기능에 따라 같은 크기로 그려 도판에 배치하며, 백과사전식으로 유형을 분류하였다. 17세기 계몽주의 시대에 동물을 종속種屬으로 나누며 내부 기관에 따라 분류한 것처럼 과학적 논리와 실증으로 건물의 유형을 구분하고자 한 뒤랑의 시도는 많은 건축가와 학생 들이 보다 쉽고 빠르게 세계의 건물 유형과 유형 간의 차이를 알게 하였다.

기능이 점점 세분화되는 현대건축에서 유형은 어떤 의미가 있을까? 건축가들은 기존의 유형을 따르기도 하지만 새로운 건축 유형을 창출하기도 한다. 또한 건축가 본인의 공간에 대한 기억, 원형적 공간을 추구하고자 하는 의지, 주변 건물과 차별화 혹은 동질화하고자 하는 설계 개념이 함께 작용해 건축 유형은 복잡하게 적용되며, 원형이 슬며시 내재해 있기도 한다.

새로운 건축 유형의 생성은 정치, 경제, 시장의 변화 등 외부 요인에 크게 영향을 받기도 하나, 필자가 바라는 건축 유형은 사람들이 사는 방식과 담을 쌓지 않게 하는 건축과 공간으로 만드는 것이다. 집단 이기주의나 젠트리피케이션 같은 사회적 위협도 있지만, 사회적 공유라는 의미 있는 움직임에 기여하는 건축은 편하고 익숙한 공간을 넘어선 차원의 사회적 이슈를 드러내야 한다. 이는 온전히 건축가의 몫이며, 건축이 자율성을 확보해야 할 부분이다.

도시상상

도시는 모여 사는 인간의 습성에 기반해 다양성을 담아내는 고도화된 공간적 장치로 형성되었다. 현대 도시 구조의 성립에는 교통수단의 영향이 거의 절대적이다. 특히 자동차의 등장으로 도시에는 격자 형태의 도로와 택지가 만들어졌다.

자동차가 도시의 속도를 빠르게 한 데 반해 보행자는 상대적으로 소외되게 만들어서, 현재는 보행권이 더 중요하게 부각되고 있다. 전국 어디에나 둘레길을 만들고, 역사도심에서는 보행 영역을 더 확대하고 있다. 도시를 느끼는 시간이 좀 더 느려질수록 도시 공간에 대한 개개인의 상상도 자유로워질 수 있다.

도시상상은 현실의 도시를 새롭게 바라볼 수 있는 공간 인식의 틀을 모색하며, 기존 도시의 이해와 때로는 개선에 적용해보고자 하는 것이다. 도시 조직보다 풍경을 고려하는 '도시 풍경론'은 도시를 지각하는 방법론을 제안한 학문 분야이다. 현재는 도시 경관법으로 발전하여 도시의 경관을 정비하는 법적인 제도로 발전하였으나, 도시를 인식하는 방법은 명확하게 논리화되는 것을 거부한다. 시를 쓰거나 그림을 그리는 방법이 하나가 아니듯 도시를 인식하는 방법도 제도화되기 어렵다.

도시상상은 기존의 격자형 도시 조직에서 쉽게 일어나지 않는 개인의 지각적 경험을 타인과 공유하기 위하여 도시를 비판적으로 이해하는 방법을 주제화한 것이다. 마치 시인이 시로써 많은 사람들에게 새로운 감성을 느끼게 하는 것처럼 도시상상은 도시환경을 구조적으로 이해할 수 있는 틀을 마련함으로써 도시의 하부를 이루는 인프라스트럭처와 건물들 간의 위계에 따른 담론이 형성되게 할 수 있다.

시간

건축에서 시간의 가치는 어느 측면에서 향유되어야 할까? 구태의연한 건축적 관습 및 전통을 탈피하고자 어느 시대나 새로운 건축 경향이 탄생하곤 했다. 14세기에는 고대 그리스와 로마의 건축이 혼합된 르네상스 양식이 만들어져 천 년이 훌쩍 넘은 고대의 건축을 당시 사람들이 모방하고 계승했다. 인간이 만들어 놓은 건조 환경에서 그것이 제대로 기능하는지 시간을 두고 지켜본 후 장점을 수용한 것이다. 소위 '클래식'은 이렇게 만들어졌다.

유럽의 20세기 근대 건축가들은 1933년 프랑스 마르세유에서 출발해 그리스 아테네로 가는 크루즈에서 근대건축국제회의 CIAM를 진행하였다. 회의 후 발표된 「아테네 헌장Athen's Charter」은 근대도시의 건설 원리를 제시하였다. 여기서 중요한 점은 당시로서는 파격적인 현대 도시를 제안하면서 고대 아테네에서 회의를 했다는 것, 그리고 1956년에도 중세도시의 모습이 남아 있는 크로아티아의 두브로브니크에서 다시 모였다는 것이다. 고대 도시에서 현대 도시를 논하는 자리가 마련되었다는 점은 지극히 신선하다. 부여나 경주에서 전위적인 현대 도시에 대한 담론이 펼쳐지는 것과 마찬가지라고 할 수 있다. 뿐만 아니라 당시 급진적인 건축가들의 성향과도 정반대인 장소에서 말이다. 대수롭지 않을 수도 있는 이 사실은 무엇을 말하는 것일까? 역사적 시간이 보존되는 곳에서 새로운 건축적 담론을 시작하는 것이 적어도 우리 문화에서는 낯설다. 2009년 경희궁에 렘 콜하스가 설계한 구조물 '트랜스포머'가 몇 달간 설치된 적은 있지만 이후 한국의 전통 건축을 계승해 현대화하자는 논의가 치열하게 전개되지는 않았고, 이후 한옥을 새롭게 만드는 작업이 더 많아졌다. 우리 건축계에서는 시간의 가치를 복고나 빈티지 스타일에서 찾는 경향이 농후하다. 건조 환경에서 드러나는 시간의 가치를 어떻게 살릴지 논의하는 것은 도시 속에서 장소를 사랑하는 사회 구성원으로서 살아가는 방법을 실천하는 것과 크게 다르지 않다.

한편, 건축에서의 시간은 자연의 시간에 따라 농익기도 한다. 건축의 표면은 건축물의 완성인 것처럼 보이지만, 사실 풍화風化에 의해 건축물과 건조 환경은 끊임없이 변화한다. 시간의 힘에 의해 환경이 바뀌는 동안 고색창연한 공간이나 동네 어귀에 있는 한 그루의 나무와 돌덩어리는 변해가는 시절의 군상들을 우두커니 관찰하고 있는지도 모를 일이다.

정신

건축은 인간이 오두막을 지어 피난처를 마련하는 것에서부터 시작되었지만, 이는 동물의 집 짓기와 크게 다르지 않다. 그러나

무덤을 만드는 것은 인간만이 할 수 있는 일이다. 인간은 무덤을 만들어서 조상을 기렸고, 공동체가 굶지 않고 다 함께 살아갈 수 있도록 곡식 저장소를 만들었다. 오스트리아의 건축가 아돌프 로스Adolf Loos는 길모퉁이를 돌았을 때 무언가 엄숙한 오브제가 묘비로 서 있는 것을 발견하면 이것을 바로 건축이라고 명명했으며, 한편 우리가 살고 있는 집은 건축이 아니라고 정의하였다. 그는 건축이 '정신의 표현'이라 여긴 것이다.

조선의 한양에도 선왕을 기리는 종묘와 땅과 곡식의 신을 기리는 사직단이 각각 경복궁의 동과 서에 배치되어 왕과 백성의 안위를 살피는 역할을 하였다. 중국은 명당에 원형과 사각형 건물의 매스를 위아래에 배치해 밝은 태양을 담는 집으로서 정신을 고양시켰으며, 원형의 기단부와 집으로 이루어져 하늘에 제사를 지내는 환구단을 만들었다. 중국의 환구단은 우리가 원구단을 만드는 근거가 되기도 했다. 고온 다습한 일본에서는 바닥을 땅에서 띄운 고상식高床式 건물을 지었고, 같은 양식으로 만들어진 곡식 저장소는 추후 신사神社로 발전하였다.

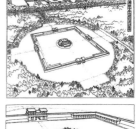

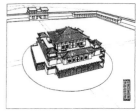

서한西漢의 수도 장안長安의 명당 복원도

왕의 권위가 세고 조상과 땅에 경외감을 가졌던 근대 이전부터 정신의 가치는 건축과 도시의 초기 구성에 결정적 역할을 하였다. 근대 이후에는 왕권보다 집권 세력의 정치적 성향과 대외 무역 상황에 따라 건축과 도시의 기틀이 정해졌다. 일제강점기에는 서울과 부산을 잇는 철도가 놓이면서 서울도 경복궁에서 남쪽으로의 연결이 더 중요해졌다.

6·25 전쟁을 겪고 근대화를 거쳐 오늘날에 이르기까지 정신의 표현과 생산 기지라는 두 가지 유형으로 도시가 발전했다면, 공유의 가치를 표방하는 현대 건축의 정신은 부의 불균형한 분배에 대한 성찰이라고 할 수 있다. 공공적 가치를 위하여 건물을 후퇴시키고 공개 공지를 마련하는 등 여러 노력이 있었지만, 공유의 가치 아래서는 역사의 과오에 대한 치열한 반성으로부

터 시작하여 그 근본이 되는 도시의 정신을 먼저 바로잡아야 한다. 2차 세계대전 후 근대건축국제회의에서 '도시의 심장Heart of City'을 주제로, 주변부로 확대해가는 반대에 위치한 도시의 중심에 대한 논의가 이루어졌다면, 2017년에 치러진 서울 세계건축대회UIA에서는 '도시의 영혼Soul of City'을 주제로, 많은 건축가들이 도시와 건축의 정신에 대해 고민했다.

자연

건축과 자연은 처음부터 상호 보완적인 관계였다. 원시시대 오두막은 비와 추위를 피하기 위한 제2의 피부와 같았다. 건축은 가족을 보호하는 옷과 같은 것이었으나 점차 인간의 위세를 드러내기 위한 수단으로 변했으며, 본래의 목적보다 장식적 목적이 더 강해지고 있는 추세이다.

한편 개발에 열을 올리는 동안 많은 산천이 파헤쳐진 결과 우리는 혹독한 대가를 치르고 있다. 환경 운동 단체와 의식 있는 건축가들은 이에 자연 친화적으로 대응하여 자연으로부터 배운 포용적인 방법을 최대한 적용하고자 한다. 과거 건축가의 역할이 건축 재료를 조합해 각 건물의 성능을 최적화하는 데 있었다면, 최근엔 도시가 만드는 환경에 대한 대안을 얻고자 하는 실험을 진행하는 데 초점이 맞추어져 있다. 예를 들어 인근의 오염원과 멀리 떨어진 곳에서 수원지를 찾던 방식에서 벗어나, 도시 안에서 깨끗한 물을 얻기 위한 방법을 모색한다. 또한 자원 낭비와 대기 오염을 줄이기 위한 저탄소 교통 체계가 강구되기도 한다. 화석연료에 의존하는 건조 환경을 탈피하고 대체에너지를 사용하거나 기존의 인프라스트럭처를 재고하는 흐름도 보인다.

자연은 미세 먼지, 기후변화 등으로 몸살을 앓고 있다. 이런 과정은 자연의 역습이기도 하지만 자연 스스로 재再자연화하는 모습이기도 하며, 인간으로 하여금 지속 가능한 대안을 일깨워준다. 탄소 제로 환경을 만들기 위하여 환경 성능 평가 지수를 만들어 환경 평가 척도를 설정하는 한편, 상보相補하는 삶의 문화적, 역사적, 사회적 요구를 반영한 자연과 건조 환경의 통합적 환경을 시민들이 영위하게 해야 한다.

22세기 건축의 주제

건축에서 표면, 유형, 도시상상, 시간, 정신, 자연의 여섯 가지 주제는 물리적인 스케일이 작은 표면에서 시작해 점점 확장하여 거대한 자연으로 끝맺는 구조다. 이 주제들을 조합해보는 것도 의미가 있을 것이다. '표면'과 '시간'은 건축의 외관에 영향을 미치는 요소로, 표면이 시간을 거치며 풍화되는 모습 자체가 건축의 외관이 된다. '유형'과 '정신'은 건축의 평면과 배치를 이루는 주제로, 유형은 시대에 따라 지속적으로 변화하며 정신은 새로운 유형을 형성하는 원동력으로 작용한다. '도시상상'과 '자연'은 건축이 모인 대지와 도시를 지탱하며, 도시와 자연이 어우러져 우리가 사는 환경을 만든다. 건축의 주제로의 환원을 생각하는 것은, 22세기를 넘어 의미체와 실재로 남게 되는 건축에 대한 기대감을 유지하고자 함이다.

차례

4　서문

chapter 1.

표면

19　메시지를 던지는 표면　프라하 국립기술도서관

22　기능이 읽히는 유리 표면　춘원당

25　오피스 입면의 익명성과 촉매성　오피스 건축

30　베일을 입은 고고한 학　현대카드 영등포 사옥

34　한국형 금속 표면의 실험　카사 지오메트리카

39　표면의 구속을 탈피한 종의 탄생　루버월

44　초심을 잃고 소비되는 노출 콘크리트　아름지기 재단

chapter 2.

유형

55　벽이 없는, 바닥의 건축　PaTI, 마이애미 주차장

60　미끈한 DDP와 거친 세운상가의 대비　DDP, 세운상가

65　도시를 닮은 작은 건물　자하재, ZKWM 블록

70　용적률 게임을 외면한 집의 틀　층층마루집

74　비정형과 곡선 신드롬　베를린 국회의사당, 애플 신사옥

78　호기심이 발현된 건축　피노파밀리아

83　자전적 기억들의 재구성　반스 미술관

87　예술과 건축의 창조적 공존 방식　광장시장 구 상업은행 건물과 벽화

chapter 3.

도시상상

95　역사를 꿰뚫는 상감 풍경　뮌스터 도서관

99　시인의 시간을 구현한 건축　윤동주 문학관

103　22세기형 랜드마크　G밸리 갤러리

109　인프라스트럭처에서 인프라텍처로

115　한강 인프라텍처 상상

119　자연인 듯 아닌 듯　서울로 7017

chapter 4.

시간

125 21세기 초의 복고 맹신

129 시장 DNA가 살아 숨 쉬는 공간   마르크트할, 1913 송정역 시장

134 헛간의 재탄생   발란싱 반, 글라스 팜

139 가정법적 시간을 만드는 공간   홍콩 아시아문화센터

144 과거를 상상하게 하는 새로운 방법   아크로폴리스 박물관

147 시간의 모자이크   홍현: 북촌마을 안내소 및 편의시설

151 단절된 시간과 공간을 잇는 연결체   서울공예박물관

155 2000년의 시간으로 저항하는 건축   아파트 집, 문정도서관

chapter 5.

정신

163 건축의 트라우마 공유법   베를린 유대인박물관, 드레스덴 군사박물관

168 작은 기념비가 된 주택   전쟁과 여성 인권 박물관

171 전설의 기운이 살아 있는 초현실 지평   스코틀랜드 의회당

176 포용의 의미를 지닌, 최소의 건축

chapter 6.

자연

185 착생 건축의 가능성   킨타 몬로이, 빌라 베르데

190 자연을 돕는 건물의 모습   호수로 가는 집, 숲에 앉은 집

194 인공과 자연의 혼재   원 센트럴 파크

200 흙과 같은 자연적 분위기   발스 온천장, 클라우스 경당

204 인프라를 지하에 감춘 공원   당인리 화력발전소

207 시간을 기록해가는 기지   마포 문화비축기지

210 강의 재자연화

214 도판 출처

chapter 1. 표면

표면에 메시지를 프라하 국립기술도서관

표면에서 기능 읽기 춘원당

익명적인, 촉매적인 표면 오피스 건축

표면에 베일 입히기 현대카드 영등포 사옥

금속 표면 실험하기 카사 지오메트리카

표면의 구속을 탈피하기 루버월

노출 콘크리트의 소비되는 표면 아름지기 재단

메시지를 던지는 표면

프라하 국립기술도서관
프로젝틸 아키텍티

인류의 역사에서 예술이 먼저냐, 건축이 먼저냐 하는 문제는 학자들 간에도 심각하게 논의돼온 이슈이다. 예술을 놀이 본능으로 보는 것은 인간의 생식 또는 사회적 욕구가 장식과 음악을 통해 표출된다는 것으로, 현대에 들어서 이 논리는 점점 더 강해졌다. 이는 또한 사회를 지배하는 정치에 반발하는 욕구를 반영하며 예술이 사회에 대한 풍자와 해학을 담은 의사소통의 수단이 되게 하였다.

산업혁명 시기에 독일권에서는 예술은 필요에 의한 것이라는 의견이 우세하였다. 건축가 고트프리트 젬퍼Gottfried Semper에 따르면 예술의 기원은 공예의 그것과 차이가 없다. 즉 사람들의 필요에 의해 예술이 만들어진다는 뜻이다. 그러나 라스코Lascaux 동굴벽화는 예술이 단지 필요가 아니라 유희에 의한 것임을 보여준다. 원시인들은 동물을 잡은 후의 흥겨운 기분을 상상하며 벽화를 그렸던 것이다.

라스코 동굴벽화

프라하 국립기술도서관을 설계한 프로젝틸 아키텍티Projektil Architekti는 체코 기술대학교가 위치한 프라하 제6 지역의 원형 광장의 형태에 영감을 받았으며, 도서관을 사람들이 모이는 원형의 광장으로 여겼다. 원형 광장, 열린 사회, 현대성, 기념비성, 종합예술, 에너지 절약 등의 개념이 모여 원형과 사각형 사이의 건물 형태가 정해진 것이다.

프라하 국립기술도서관

이 건물을 지을 때 건축가와 그래픽 디자이너, 예술가가 협업

기술 교본의 역할을 하는
프라하 국립기술도서관

물리적 정보를 제공하는 계단

프라하 국립기술도서관 내부

하며 최우선으로 세운 기준은 건물이 기술 교본technological schoolbook이 되는 것을 목표로, 어떻게 건물이 디자인되고 기능하는지를 가르쳐주는 것이었다. 멀리서 건물에 접근할 때부터 이는 명백히 드러난다. 커튼월 외부의 하얀 선과 숫자는 건물의 높이와 둘레를 알려준다. 커튼월 위를 무심히 지나가는 흰 치수선dimension line은 마치 건물을 도면처럼 보이게 한다.

실내에서도 이런 사인sign은 지속된다. 혼자 조용히 공부할 수 있는 캐럴carrel의 번호는 'IQ 165'이고 멀티미디어실 이름은 '87DB'이다. 계단에 보행 시 소모되는 칼로리를 표기하는 식으로 물리적 정보를 계속 제공한다. 이런 참신한 발상에서 열린 공간을 지향하는 대학 도서관의 면모가 엿보인다.

도서관의 모토는 다음과 같다. "우리 도서관의 공간은 사람들에게 열려 있고, 생각의 교환과 예술에도 열려 있다. 우리 건물의 지적인 협업은 지금도 계속된다. 도서관의 공간들은 지적인 호기심을 이끌어내고, 유머러스하며, 독특한 분위기를 자아낸다." 도서관의 압권은 아트리움이다. 아트리움은 6층까지 뚫렸으며, 던 페르조브스키Dan Perjovschi의 그래피티로 가득하다. 루마니아 출신인 그는 예술가인 스스로의 역할을 '해석자commentator'

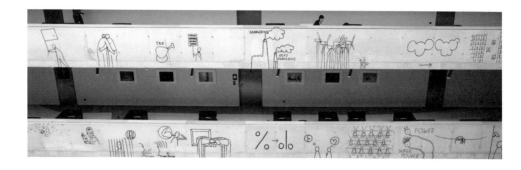

사회적 메시지를 던지는
던 페르조브스키의 그림

로 규정한다. 단어와 이미지를 통한 그의 해석과 비평은 촌철살
인이다. 도서관 내부에 그려진 〈세상을 보여주는 200개 이상의
그림200 and Something Drawings to Describe the World〉은 환경에 대
한 성찰, 승자와 군중의 역사에 대한 비판 등을 주제로, 열린 사
회를 위한 사유와 풍자의 깊이를 더한다.

환경을 다룬 그림을 통해서는 지구 온난화 방지를 위한 조약이
매연을 내뿜는 문제의 본질을 해결하고자 하는 것이 아니라 보
기 좋은 허울일 뿐이라고 비판한다.

십자가로 표현한 〈통계Statistics〉라는 그림은 군중의 역사를 보여
준다. 그림 상단에 위치한 십자가 세 개는 예수의 죽음을 암시하
며 하단에 빼곡히 그려진 수많은 십자가는 군중의 죽음을 뜻한
다. 이들의 죽음은 의미가 아닌 숫자로만 남게 되었다는 현실을
꼬집은 것이다.

프라하 국립기술도서관은 단순화된 그래픽 디자인을 통해 건축
과 공간이 만들어지고 기능하는 방식을 학생들이 사유하고 느
끼게 하며, 아트리움을 채운 페르조브스키의 그림은 사회적 메
시지를 던진다. 건축과 공간이 즉각적인 정보를 준다면, 벽면의
그림은 학생이 직접 해석하게 한다. 이 두 가지 방식의 소통이
공존하는 것이다. 현대 건축에서 건물과 건물의 그림이 전략이
되어 메시지를 던질 수 있을까? 필자는 아직까지 이 건물보다
더 나은 사례를 만나지 못했다.

기능이 읽히는 유리 표면

춘원당
황두진

춘원당의 낮과 밤

10여 년간 글을 통해 접한 건축가 황두진은 다재다능하며 관심사도 다양하다. 오픈카와 1인용 경량 프레임의 카약 같은 기계에 대한 관심과 더불어, 한옥과 골목 등 좋아하는 것을 문장화할 만큼 열정적이고 표현적이다. 황두진은 아방가르드 건축가라기보다는 댄디한 건축가이다. '아방가르드avant-garde'란 단어는 전위파를 일컫는 고유명사처럼 인식되어 새로움을 추구하는 것과 떼려야 뗄 수 없게 되었다. 황두진 역시 새로운 것을 추구하나 다방면의 관심을 통해 문화를 아우르는 센스를 체득하는 댄디dandy한 건축가 모습을 보여주고 있다. 작품은 아방가르드적이나 건축가는 댄디하달까.

춘원당은 황두진의 관심사를 고스란히 집적한 건물이다. 강남이나 강북 골목에서 마주칠 만한, 요즘 건축가들의 건물처럼 댄디하면서 아방가르드적이다. 일명 '댄디-아방가르드적'이라 하자. 형태적으로 미려하면서도 기술 면에서 새롭다는 뜻이다. 이는 황두진이 건축가를 '무장한 시인Poeta Armata'이라 표현한 것과 대상은 다르지만 뉘앙스는 비슷한 것으로, 도시에 존재하는 그의 건물들은 기본기가 충실하면서도 전위적이다.

춘원당의 대표 이미지는 야경의 한 장면이다. 투명한 유리 너머 반짝반짝 빛나는, 춘원당 원장이 직접 개발한 약탕기 세트가 나란히 배치된 모습은 이곳이 맥주 발효장인지 주방 기구 전시장인지 헷갈리게 한다. 춘원당의 비주얼을 담당하는 이 한약 제조

실은 황두진이 제안한 형태로 건축주도 숙고 끝에 동의했다고
한다. 이곳은 제조의 투명성을 강조하는 의미를 지니고 있다. 한
약사의 복장과 제조 과정 등이 거리에서 다 들여다보이기 때문
이다.

표면의 투명성은 하나의 페티시즘fetishism으로 이해할 수 있다.
비잔틴문화의 모자이크나 자그마한 타일들은 보석과 같은 반짝
임을 증강했으며, 중세에 타일에 금박을 입힌 것은 신에게로 향
하고자 하는 강한 열망을 나타냈다. 르네상스 시대의 물결 무늬
대리석의 표면도 엄정함의 상징이었고, 후기 바로크 도자기의
반짝거리는 표면도 신앙심의 고취라는 측면에서 물질을 수단으
로 바람을 표현한 것이다. 로마에서 시작된 상감기법과 통일신
라에 전파된 상감옥象嵌玉 역시 여러 투명한 층의 겹침이며, 고려
의 상감청자 역시 우리에게는 최고의 깊이를 지닌 표면으로 인
식된다. 이들은 그 의미보다도 장인이나 보는 이들의 페티시를
자극하기에 충분하다.

근대에 유리가 보급되면서, 독일에서는 알프스 봉우리의 만
년설의 빛나는 정기를 받아 반짝이는 알파인 아키텍처Alpine
Architecture[1]를 주장했고, 브루노 타우트Bruno Taut에 의해 글라스
파빌리온으로 재현되었다. 미스 반 데어 로에는 역설적으로 목
탄으로 유리를 표현하는 대범함도 보여줬다. 르코르뷔지에의
빛나는 도시Ville Radieuse[2] 역시 계몽의 상징으로서의 빛과, 넓은
길로 대표되는 근대 도시에서의 위생 등을 강조하며 투명함의
극치에 다다랐다면, 평등을 강조하는 위정자와 시민들의 정치
적 열망은 프랑스 그랑 프로제Grands Projets[3]에서 미테랑의 공산
당이 채택한 투명한 건물들의 연작에서 명확한 획을 그은 게 아
닌가 싶다. 프랑스대혁명 정신에 입각한 정치적 투명성은 당시
로서는 최첨단이었던 유리 건물들에 투영되어 있다.

황두진도 골목길에서 투명함이 주는 매력을 활용한다. 지금은

브루노 타우트의 글라스 파빌리온

1
알파인 아키텍처
알프스 산맥의 만년설과 같이 밝게
빛나는 모습을 지향하는 건축

2
빛나는 도시
1924년에 제시된 후 1933년에
책으로 출판되었다. 1300만 명의
인구를 위한 격자형 대도시 구조로,
건물의 고층화와 큰 조경 공간을
꾀했으나 길이 너무 넓어 휴먼
스케일적이지 않다는 비판을
받았다.

3
그랑 프로제
프랑스 파리에서 1982년부터 시행된
대규모 건축 프로젝트. 주거 환경
향상과 도시 활성화를 목표로,
사회당 정책에 부합하는 현대
건축물을 건설했다. 라빌레트 공원,
라데팡스의 라 그랑드 아르슈,
프랑스 국립도서관이 해당한다.

그랑 프로제의 하나인 루브르
박물관의 유리 피라미드

한약 제조실의 유리 면이 평평하지만 초기에는 각각의 약탕기를 둘러싸는 듯한 구부러진 유리 면을 제시했다고 한다. 초기안이 실현되었다면 투명하고 볼록볼록한 약탕기가 반짝반짝하게 줄지은 모습이 포스트모던 양식처럼 보였을지도 모른다. 밤에는 고려청자의 깊이 있는 레이어들을 재현할 수 있었을 것이다. 유리의 투명성을 이용하지만 역설적으로 황두진은 상당히 브루털리즘Brutalism[4]적인 자세를 견지한다. 1960년대 영국의 브루털리스트들도 사회를 향한 윤리성을 극대화하기 위해 시공 요소들을 적나라하게 노출하면서 콘크리트의 거친 마감으로 그들이 희망한 사회적인 투명성을 표현했듯이, 황두진의 유리 면과 약탕기들은 충분히 투명하며 순수하다. 이 건물의 순수함은 골목길에서 익명적인 주변 건물들과 달리 속을 훤히 내보이는 하나의 오브제로서 우리의 눈이 건물과 그 내부에 머물게 하여, 건물 안의 기계와 사람이 무언가 제조하는 것을 바라보게 하는 데 있다.

4
브루털리즘
20세기 초 모더니즘 건축의 뒤를 이어 1950~70년대 초반까지 융성했던 건축 양식. 가공하지 않은 재료의 사용과 설비의 노출, 거친 조형이 특징이다.

표면의 투명성이 극대화된 약탕
제조실

황두진건축사사무소 제공, 사진작가 박명채

오피스 입면의 익명성과 촉매성

오피스 건축

1960~70년대에 우리나라에 지어지기 시작한 오피스는 당시 정리되지 않은 주변 환경과 대비되어 정형성을 띄었으며, 80년대에 우후죽순으로 지어진 오피스는 극단적인 정형화로 비슷한 형태를 반복하는 익명적 모습을 띄었다. 하지만 익명성에 대한 비판을 위해서는 우선 두 가지 중요한 점을 짚고 넘어가야 한다. 미국의 SOM 설계사무소가 표방했던 표준화된 설계에 대한 열망과 정반대인 오피스 건물의 입면의 다양화에 대한 기대감이다. 즉, 표준화된 설계에 따른 중성적인 느낌의 입면이 제공하는 건강한 익명성의 확보와 도시적 촉매 역할을 할 수 있는 개성적인 입면에 대한 욕구는 상존한다고 볼 수 있다. 이처럼 익명성과 촉매성은 일상적인 삶의 모습과 시장 지향적 혹은 축제적인 삶의 단편을 아우르므로 우리 도시 풍경의 상반된 영역을 포괄적으로 다룰 수 있다.

시카고의 오피스 풍경

우리 도시 환경에서 아직은 현실화하지 못하는, 그러나 앞으로 사회가 안정되어 그 가치가 인정될 때 실현되는 건강한 익명성을 고려해보자. 건강한 익명성이 시대적 전형을 이루기 전에, 건축 기술의 발전과 새로운 사회 인자를 받아들임으로써 오피스 건축에서 다른 방향으로 발전할 수 있지만, 지금 논하는 건강한 익명성이 보편화될 수 있다면 다음 세대에게 우리 시대 오피스의 전형을 보여줄 수 있다고 믿는다.

현대사회에서 보편화된 익명성anonymity이란 무엇일까? 건축

평론가 윌리엄 조디는 이를 두고 '간결한 화려함laconic splendor'이라 묘사했고, 건축학자 데이비드 레더배로우는 '눈에 띄지 않는 상태What goes unnoticed'라 주제화했으며, 건축가 아돌프 로스는 베스트 드레서를 '눈에 띄지 않으면서 익명적이고 근대화된 복장을 입는 사람'이라 하였다. 익명성은 도시에서 반복되는 건축물의 유형에 적합한 개념으로 현대사회에서는 오피스 건물, 근린 생활권의 건물, 공동주택부터 공공 디자인 시설에까지 적용될 수 있는 개념이다.

그렇다면 익명적인 건물은 도시 풍경에 영향을 주는 촉매적 성격을 담보할 수 있을까? 이 시점에서 건축의 촉매성도 점검이 필요하다. 프랭크 게리가 설계한 구겐하임 빌바오 미술관의 촉매성과 요즘 스마트폰의 촉매성을 구별함은 유용하다. 스마트폰의 경우 경쟁 업체 간 디자인의 차이는 있지만 비주얼의 차이보다는 유형적인 보편성이 더 우세하다고 본다. 조디가 미적 관점에서 건축의 촉매성이 조용히 기품을 드러내는 상태를 지칭하였다면, 레더배로우의 눈에 띄지 않는 상태란 마치 매일매일 잘 사용하는 컴퓨터와 같은 상태가 아닌가 싶다. 컴퓨터가 잘 작동하면 눈길이 안 가지만, 작동이 안 될 때가 되어서야 눈길을 주고 고치려 하지 않는가? 건축의 촉매성은 기계보다 복잡한 패러다임에서 작용하지만, 건축가들은 이처럼 눈에 띄지 않는 촉매성을 생각해볼 만하다.

미스는 작품 활동 초기부터 광택 나는 표면에 반사되는 이미지에 매혹을 느꼈다. 레이크 쇼어 드라이브 아파트와 시그램 빌딩은 어둡고 단순한 프리즘인 동시에 무한으로 이어진 분광分光 효과의 장場으로 역할한다. 이러한 분광 효과는 건물을 드러내면서도 '사라지게' 하는 데 일조했다. 시그램 빌딩의 커튼월에 반사되는 이미지의 유희를 우리는 산만함의 건축으로 볼 수 있을 것이다. 산만한 방식으로 지각된 건물은 뚜렷하거나 모호한 외곽선을 가진 다양한 형태들을 제시한다. 어둡고 불투명한 매스가 주는 느낌은 건물에 압도적 숭고미를 부여하는 동시에 기념비성과 역사성을 제공한다. 반면 가볍고 반사적이며 모호한 건물의 표면은 기술의 진보를 받아들임으로써 동시대성은 물론 미래적 차원까지 확보한다.

레이크 쇼어 드라이브 아파트. 미시간 호수를 바라보는 두 동의 아파트는 대지의 형상과 무관하게 직각의 질서로 배치되었다.

현대 건축에서 표면 디자인에 중점을 둔 헤르조그 앤 드 뫼롱Herzog&de Meuron이 디자인한 건물들의 외피는 재료의 속성에 대한 새로운 해석을 적용한다. 이들의 건물은 보는 사람들로부터 즉각적이고 본능적인 반응을 이끌어낸다. 기존의 이미지에 의한 미메시스mimesis, 모사의 방식을 탈피하고, 그들의 작품에서 외피의 표현은 재료와 생산 절차의 미메시스로 대체되었다. 헤르조그 앤 드 뫼롱은 표면의 효과를 새로운 시공 방식의 적용을 통해 차별화한다. 이렇게 구축된 표면은 기능적 요구와 재료의 접합에 의문을 제기하며 우연의 효과도 고려한다. 헤르조그 앤 드 뫼롱에게 생산 공정과 조립 방법은 작품의 이미지를 구축하는 핵심 구성 요소다. 현대건축에서 이미지를 구축하는 방법은 과거의 건축과는 다른 방식으로 이뤄지며, 이미지를 통한 의미를 생성한다.

시그램 빌딩. 맨해튼의 마천루들과 달리 원초적인 느낌을 주는 철골조와 신전과 같이 셋백setback, 후퇴한 모습이 돋보인다.

많은 현대 건축가들은 재료의 가능성에 초점을 맞추고 있다. 그리고 그 가능성은 전례 없는 건축적·공간적 효과를 발생시키는 데 중요한 역할을 수행할 새로운 유형의 유리를 탐구함으로써 더욱 증폭되고 있다. 이제 유리는 투명, 반투명, 불투명 등 다양한 형태로 사용되고 있다. 구조재로도 쓰일 수 있고, 새로운 색을 낼 수도 있으며, 새겨진 이미지를 드러내거나 거르는 기능도 실험 중이다. 또한 다른 재료와 혼용함으로써 예상치 못했던 용도가 드러나기도 한다. 이런 의미에서 유리 표면은 시대의 표상일 뿐 아니라 연구 대상이기도 하다. 재료의 기술적·상황적 기능의 가능성들이 의미 상징체로서의 역할을 대체한 것

헤르조그 앤 드 뫼롱의 리콜라Ricola 공장

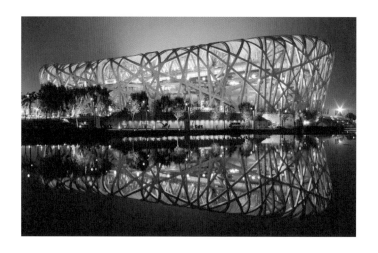

01 02
03
　　04

01 에베르스발데Eberswalde 기술
학교 도서관. 독일 사진가 토마스
루프가 그의 컬렉션에서 선택한
이미지들이 콘크리트 패널과
유리창에 프린트되어 건축 표면의
시공 방법과 이미지가 병치된
건물이다.
02 엘베Elbe 필하모닉 홀
03 베이징 국립경기장
04 코트부스Cottbus 기술 대학
도서관

이며, 재료 자체만으로는 더 이상 상징적인 의미만을 갖지는 않게 되었다.

현재 국내 대도시에는 오피스 촉매들이 넘쳐난다. 가능한 형상과 구법은 무궁무진한 듯한 가운데, 진정한 소통의 가능성은 어디서 찾을 수 있을까? 다른 모든 건물 유형도 그렇듯이 오피스는 건축에 의해서 새롭게 진화하지 않는다. 경영주와 근로자, 그리고 소비자를 움직이는 세계 경제와 경영 및 마케팅의 변화에 따라 변할 것이다. 서울의 다양한 오피스들은 촉매 역할을 하고자 하는 건축에 대한 기대에서 나온 결과물이자 건물을 통해 이익을 얻는 방식에 대한 여러 열망이 반영된 집약체이다. 비표상적인 모습까지 마케팅되는 현실에서 건축의 외벽은 첨단 영상 디자인 분야에서 디자인하는 첨단 매체의 배경으로만 존재할지도 모른다. 이런 위기 속에서 건축가들은 오피스의 디자인 방식을 선도하기를 꿈꾼다. 자신의 오피스가 건축의 윤리성과 자본으로서의 역할을 동등하게 보장하도록 이끄는 건축가의 노력은 입면을 통한 표면 소통 방식을 유지하는 선제 조건들을 시대에 앞서 제시하는 것이리라.

베일을 입은 고고한 학

현대카드 영등포 사옥
최욱

현대카드 영등포 사옥

세계 어느 곳이나 금융사 건물은 근대건축 이후부터 투명성을 강조해왔다. 미국이나 유럽의 금융사 건물은 예외 없이 투명한 이미지이다. 그 투명함을 넘어 이제는 디자인 리더라는 사명까지 띠고 있다.

최욱이 설계한 현대카드 영등포 사옥은 서울 구도심의 DNA를 지니고 있는 영등포의 청과 시장 인근에 하얗고 반짝이는 모습으로 서 있다. 앞으로 도심 재개발이 진행될 곳이라는 것을 현대카드 사옥의 선점으로 알리는 듯하다. 희한한 것은 아무도 그 존재를 거들떠보지 않는 분위기라는 것이다. 평범한 동네에 있는 2층 양옥 같은 생경함이어서 그런지 무심할 정도로 존재감이 없다.

현대카드 영등포 사옥은 주변 콘텍스트와는 어울리지 않지만 오히려 고고한 학처럼 스스로와 주위의 모든 것이 바뀌어야 하는 것처럼 만든다. 이는 마치 뉴욕 시그램 빌딩의 검은색이 주위의 평범한 건물들을 배경으로 변하게 하는 것과 같다. 종전의 검정 계열의 전자 기기가 애플의 주도하에 흰색으로 변하는 것처럼 말이다. 미스는 검은색 철골과 브론즈 계열의 창으로 주위의 색을 흡수하며 반사하는 효과를 내는 동시에 오피스 건물이 신전처럼 보이게 하는 아우라를 만들었다. 최욱은 반투명 정면 창과 측면 창 안쪽에 흰색 블라인더를 드리워 흰색과 투명이 중첩되는 레이어를 만들었다.

One O One Architects 제공, 사진작가 남궁선

현대카드 영등포 사옥의 베일이
연상되는 표면

건축가 최욱이 만들어낸 건축의 표면이 우리에게 시사하는 바
는 무엇일까? 국내 건축가로서 해외 수준의 디테일과 재료 처리
가 가능한 점일까 혹은 개념어들의 독창성일까? 그와 비슷한 연
배 중 독보적인 건축가는 몇 안 된다. 발표가 불가능한 건축주,
소위 회장님의 건물을 한두 채 설계하게 되면 개념어를 더 이상
세게 주장하지 않는 현상이 있다. 현재 50대의 독보적인 건축가
들이 은밀하게 소비되는 시대를 맞은 것이다. 개념을 넘어 건축
이 소비되는 현상이기 때문에 스타일라이즈드stylized, 즉 양식
화되는 것이라 할 수 있다.

최욱이 현대카드 영등포 사옥에서 언급하는 제일 명확한 개념
이 그라운드스케이프땅의 바닥 면이 연속되는 장면이다. 저층부과 옥상
층의 평평한 면이 만들어내는 하나의 연장된 필드 같은 장면은
마치 미스의 유니버설 스페이스를 연상케 한다. 저층부의 길과
주변의 마당이 건물 안 공간으로 스며들어 온다는 가정이다. 그
라운드스케이프는 주변과 관계를 맺고자 하는 노력이다. 저층
부의 투명함도 낮에 보면 별로 눈에 안 띄지만, 조명이 켜져 있
을 때 보면 빈 은행의 느낌으로 공허하게 느껴진다. 나중에 설계
된 현대카드 부산 사옥은 주변 콘텍스트에 맞추어 사람들이 그
냥 지나가도록 저층부가 뚫려 있어 좋지만, 영등포의 그라운드
스케이프는 넓은 실내에 2인용 안내 데스크만 있어서인지 애매
하다. 나중에 지역 지구가 경제 활동으로 활기차게 변하는 것을

유니버설 스페이스 개념이 적용된
미스의 바르셀로나 파빌리온

31

현대카드 영등포 사옥 내부.
실내의 바닥 면과 외부 길의 바닥
면이 하나의 연장된 면처럼 보인다.

쿤스트하우스의 표면

선점했다 하지만 아직은 금융사가 요즘 자주 쓰는 신비주의의 개념처럼 보인다.

현대카드 영등포 사옥의 그라운드와 표피에서 우선 연상되는 건물은 페터 춤토어의 브레겐츠Bregenz 쿤스트하우스이다. 쿤스트하우스는 반투명한 유리로 표피가 이루어져, 정교한 이미지를 형성하고 있다. 현대카드 영등포 사옥은 다른 구축 방식이지만 투명 유리와 반투명 유리 그리고 블라인드로 비슷한 이미지를 형성한다. 대기업 금융사의 건물을 지으면서, 대기업 건설 회사에서 별로 해보지 않은 디테일로 건물을 만든 것은 고무적이며, 건물의 육안상 하자 없이 깔끔히 시공되어 있다. 외부의 흰색과 달리 내부는 검은색과 흰색의 대조를 통해 서로를 부각하며, 시멘트 뿜칠 후 수작업으로 다듬어진 1층 벽은 마치 주변 동네 건물의 느낌을 추상화하여 가져온 듯하다. 아주 작은 차이를 만들어내는 최욱의 디테일링은 높이 사고 싶다. 예를 들어 갤러리의 흰 벽일지라도 어떻게 해야 그림이 돋보이는지를 최욱은 고민하고 차이를 만들어낸다.

최욱이 숨겨놓은 복선은 곳곳에서 드러난다. 저층부의 낮은 파라펫parapet, 연장된 벽 높이와 전면부 수평띠는 정확히 일치한다. 지명 설계 경기에서 당선된 실력을 여실히 보여준, 아쉬운 곳이 최대한 제거된 건물이다. 우리나라의 금융사 건물들은 규모 때문에 대형 설계 사무소에서 주로 담당해왔다. 이런 상황에서 최욱이 이끄는 중형 설계 사무소의 약진은 놀라운 성과다. 대형 설계 사무소에서 다루지 못하는 재료와 디테일로 견고하지만 깊이 있어 보이는 감성적인 입면과 실내 공간을 만들었다.

최욱이 한 인터뷰에서 밝혔듯이, 나이가 드니 건축적으로 공익적인 일, 건축가 후배 양성에 대한 의무도 느낀다 했다. 현재 몇몇 50대 건축가들에게서 어쩔 수 없는 신비주의 경향이 보이는 것은 사실이다. 그런 신비함 속에서, 젊은 세대들이 바라는 사회 현실에 대한 50대 건축가의 저항 정신은 두 방향으로 표출되는 듯싶다. 본인의 개념을 건물을 통해 물질화함과 동시에 사회에 메시지를 던져주는 것이다. 그 메시지는 정치적이라기보다 삶의 새로운 모습을 보여주고 그 장소를 통해서 많은 사람들이 좋은 기분과 편안함을 느끼도록 하는 것이다.

현대카드 영등포 사옥이 연상시키는 광고 잘하는 금융사, 작가 건축가, 고고함, 완벽함 등의 어휘는 곧 삶의 다음 단계로 넘어가는 시점이 임박했음을 알리는 신호탄과 같기를 기대해본다.

한국형 금속 표면의 실험

카사 지오메트리카
이정훈

건축가 이정훈은 용접, 벽돌 쌓기 등 현장 작업에 긴밀히 관여하는 듯하다. 이런 노력을 거쳐 그가 완성한 건물들은 건축의 구축미가 돋보인다. 또한 금속으로 마감된 건물들은 빛의 반사와 굴절로 인해 변화무쌍한 모습을 지니며, 끝없이 시공되고 또 숨겨지는 현장과도 같다.

현장 작업에 충실한 건축가로 프랭크 로이드 라이트의 수제자를 꼽을 수 있다. 이들은 건축 학교 탈리에신Taliesin을 직접 지었고 파올로 솔레리, 찰스 임스 등의 건축가들은 수련 이후 독특한 조형과 텍토닉tectonic, 구조·구축으로 승부한 전설이 되었다. 사무소를 공방으로 운영한 프랑스의 장 푸르베Jean Prouvé 역시 현장에 충실한 대표적인 건축가로, 그 스스로 "나는 오랫동안 가죽 앞치마를 입었다"고 할 만큼 장인 정신을 몸소 실천하였다.

재료에 대한 실험은 미국 텍사스의 건축가들에게도 그 맥이 흐르며 현대 일본 건축가들 사이에도 뚜렷한 경향이 보인다. 이렇듯 재료에 대한 실험과 텍토닉의 탐구는 건축가의 기본이다. 안도 다다오의 사무실에서도 콘크리트 타설하는 날 다들 출동한다고 하지 않는가.

이정훈에게 제일 가까운 건축가적 모델은 장 프루베다. 공교롭게도 그가 유학한 낭시Nancy 지방이 프루베가 작업한 곳이다. 프루베는 그의 금속 공방에서 디자인을 실제 크기로 직접 만들었으며, 모든 건축가들이 직위에 관계없이 일하는 작업 방식을 도입했다. 하나의 프로젝트에 모두가 스스로 결정을 내렸고, 그로 인한 경제적 이익과 명성을 함께 나눴다. 이는 당시 미국의 대량생산 체제인 포드주의Fordism나 이를 모델로 했던 앨버트 칸 건축 사무소의 위계 조직과는 전혀 다른 것이었다.

프루베가 제작한 건축 부재들은 구조체와 건축 외장이 합쳐진 복합체였다. 프루베는 항공기 제작 기술을 건축 시공에 적용하였으며, 외장 패널에는 디자인이 중심이 되는 표준화를 추구하였다. 프루베의 패널들은 표상적 기능 이외에도 건물 외장이 스스로 구조적으로 완전할 수 있는 구축적인 완성도를 확보하고 있다. 가로 1미터, 세로 4미터의 규격인 민중회관의 패널들은 하단과 상단에서 서로 맞물려 고정되며, 철제 앵글을 통해 슬래브 상단에 부착된다. 건물 구조에서 독립된 패널들은 구조적으로 자립해 있다. 외벽 시스템이 구조와 분리되어 독자적 형식으로 발전하는 경우, 건물의 디자인은 비행기나 자동차 디자인과 유사해지며 시공 절차도 조립에 가까워진다. 프루베는 다음과 같이 말했다. "나는 기성품인 재료와 부재를 디자인의 기준으로 삼는 '열린 시스템' 시공 방식에 동의할 수 없다. 이 방법은 오직 개개의 부재들을 이미 완성된 디자인과 건물에 적용해 다양성을 줄 수 있다는 점에서만 유용할 뿐이다."

프루베의 민중회관

이정훈의 작업에서는 헤르마 주차장, 카사 지오메트리카, 남해 주택에서 알루미늄 바의 변형 작업과 스테인리스 스틸·블랙 스테인리스 스틸의 이용이 돋보이며 독보적이다. 남해주택에서 알루미늄 바를 절개하여 둔각으로 접어서 스크린 월을 만든 작업은 추후 작업 방향의 전환점이 되었다. 알루미늄 바의 절개 면은 거침없다. 커터 날의 흔적이 그대로 보이며 도장도 하지 않았다. 시공 사실을 그대로 노출했던 브루털리스트brutalist의 면모도 보인다. 기성품이 된 알루미늄 바의 가공에서 딱히 다른 방법이 없는, 어쩔 수 없는 현실을 보여준 것이다. 그사이에 비가 오

35

남해주택 시공 전후

고 눈이 오고 거미줄이 쳐지고 먼지와 낙엽이 끼게 될지라도 딱히 마감하기 쉽지 않은 곳이다.

시골집에 이런 범상치 않은 스크린이 있다는 게 의아하지만, 스크린이 있는 덱에서 고추나 무를 말리곤 한다. 이쯤 되면 이 스크린은 곧 주택의 얼굴이다. 얼굴에 대한 관심이 내면과 행동에 대한 관심을 유도하듯이, 건물의 얼굴도 내부에서 일어나는 행위에 대해 궁금하게 하고 추측하게 만든다. 알루미늄 바는 카사 지오메트리카에도 적용되었다. 주차장 위 지붕틀같이 놓인 알루미늄 바에는 LED가 내장되어 옆에 위치한 임대 공간을 위해 사용될 수 있는 무대장치로 쓰인다.

유리의 투명성과 더불어 금속 빛의 굴절, 반사와 불투명성의 탐닉은 현대를 살아가는 건축가에게 끊임없는 화두이다. 이정훈이 유학한 프랑스는 금속과 유리를 활용한 건축이 먼저 시작된 나라다. 장 누벨의 건축에도 자연의 빛에 대한 사고가 한구석에 자리하고 있다. 에펠탑도 금속과 투명한 공기가 어우러져 있는 모습이 장관인 것처럼 말이다. 프랑스 대혁명의 민주적 정신이 사회의 투명성을 위한 것처럼 금속과 유리는 불투명한 돌과 벽돌을 대신하여 쓰였다. 자연 앞에서 인간이 만드는 구조체가 한없이 투명해지고자 하는 것은 참신함을 추구하는 건축 예술의

한 방향이기도 하다.

이정훈의 작업에서는 유리보다 금속이 돋보인다. 금속이 만드는 기하학적인 패턴 그리고 금속 면을 통한 반사와 굴절이 더 중요하다. 헤르마 주차장은 합성수지의 일종인 플렉시글라스 plexiglass와 금속을 통해 다양한 투명과 반사, 굴절 등이 일어난다. 금속 면의 반사와 굴절은 마치 박물관에 있는 청동경을 보듯 정확하지 않지만 주변의 모습도 비추며 시간이 지날수록 점점 흐려진다. 사실 패널화 작업에서 금속은 표면의 우그러듦으로 인해 때로는 싸 보이기 때문에 국내에서는 많이 쓰이지 않았지만, 네덜란드, 프랑스, 미국 등 서구에서는 재룟값의 변화에 따라 종종 사용된다.

카사 지오메트리카 시공 전후

굴절에 의한 색과 그림자의 변화는 물질을 달리 보이게 하는 효과를 만들어낸다. 또한 사람의 움직임을 통해서도 색과 그림자는 달라지며 전체적으로 몽환적인 분위기를 만든다. 거울과 금속 면의 반사를 이용한 건축적 실험은 1950년대부터 몇몇 건축가들에 의해 이루어졌으며, 거울을 통한 반사는 무대에서의 나르시스적인 모습의 강조와 더불어 찰나의 순간을 경험하며 주어진 크기보다 크게 느끼도록 한다. 건물의 댄디한 모습은 일반적으로 택하는 재료의 구성을 넘어서서 반사와 굴절, 그리고 야

헤르마 주차장

경을 통해 작업이 끝나지 않은 현장으로 남게 한다.

이정훈은 오래전 건축학도로서 느낀 건축에 대한 불만을 표면 재료의 참신함과 건축적 표상의 제안을 통해 해소하고 있다. 이 방법은 재료에 담긴 관습적인 의미까지 의심해보는 것을 필요 로 한다. 그래야만 재료와 이용에 대한 재정의가 가능하다. 금속 도 이어 붙이고 타공하는 것만이 아닌, 벽돌처럼 쌓아보고 금속 이 아닌 것처럼 여기며 실험을 해보는 것도 수반한다. 실험 과정 인 이정훈의 작업이 원숙해지고 완성되어가면서 어떤 색을 띠 게 될까? 프랭크 게리 초기작들의 거칠고 반항적 이미지와 현재 작들의 세련됨이 다른 것처럼 그의 작업도 어떤 식으로든 변화 를 겪을 것이지만, 그가 재료 목록을 늘려가며 선구적인 역할을 하는 것은 한국 건축의 표면 목록을 늘려가는 것이다.

표면의 구속을 탈피한 종의 탄생

루버월
정의엽

정의엽의 건축은 건축적 재기를 부리기에 절실하며 기하학과 땅, 공간과 표면, 매스와 벽의 관계를 극한까지 밀어붙이는 방법을 취한다. 이 방법은 전 세계적으로 유행인 현대 건축에서 부재를 반복하는 비정형 기법과 크게 다르지 않아, 일견 차별성이 없고 비슷해 보인다는 평가를 종종 받기도 한다. 기존의 수직과 수평을 거부하는 몸짓은 다른 종류의 기하학적 형태로 땅을 닮거나 프로그램을 닮게 되었다. 결국 형태는 닮되 개념적으로는 초월하려는 시도이다.

정의엽이 밝힌 건축적 주제는 지형, 오브제, 집합체, 발코니, 벽, 외피, 공간의 일곱 가지이며 이들의 조합을 통하여 그의 작품이 '건축 번식'을 한다고 여긴다. 이 주제에서 비롯된 건축 유형들은 프로젝트의 성격에 맞게 적용 및 변형되어 주제의 결이 더해진다. 이 중 루버월은 외피와 공간의 주제가 탐구된 스킨스페이스를 발전시킨 작품이다. 국내외 매체를 통해 많이 알려진 스킨스페이스는 반복되는 나무 널이 외피에서부터 공간을 나누는 장치로 연결되어 달라 보이는 공간감을 만들었다. 루버월은 그 계열의 후속작으로 건축 번식이 낳은 결과로 간주된다.

이렇게 본인의 건축을 분류 및 정리하는 행위는 어떤 의미가 있을까? 보통 한 건축가의 작품을 시기별로 분류하는 방법과 달리, 계통 분류는 여러 포석을 담는다. 과거에는 동물을 거주 환경에 따라 분류했으나 동물학자 퀴비에Cuvier는 신체 기관의 구

에이앤디(AND) 제공, 사진작가 신경섭

루버월

스킨스페이스

39

성과 번식 방법에 의해 동물을 분류하는 과학적 방법을 적용하
며 계통학의 새로운 지평을 열었다. 고래와 개가 같은 포유류로
인정받게 된 것이다. 자연과학에서의 이런 계몽적 접근은 계통
에 대한 이해와 혁신적인 분류법을 사회 전반에 전파하였다. 본
격적으로 설립되던 박물관과 여러 사회 기관에도 과학적인 계
통 분류는 핵심이 되었다. 이러한 분류가 논쟁거리가 된 건 산업
혁명 이후 수정궁에서 열린 만국박람회의 전시 분류에 대한 고
트프리트 젬퍼의 비판적인 글에서 비롯된다. 젬퍼는 재료가 아
닌 만드는 이유에 따라 제품을 분류해야 한다고 주장하며, 이를
테면 항아리는 담는 용도이므로 유리·자기·철 항아리가 같은 부
류로 분류돼야 한다고 하였다. 과학적인 계통 분류를 넘어서는
인류학적이며 보다 현실적인 분류 방법을 제시한 것이다.

정의엽이 이끄는 에이앤디AND의 작품을 논할 때 이러한 계통
분류에 대한 소고小考가 주는 장점은 생각하는 주제에 대한 재
정의도 가능하다는 것을 암시한다는 점이다. 또한 건축가라면
스스로 정의하는 자기 작품의 유형적 측면에서도 존재 목적에
따라 재고할 수 있는 것이다. 김광현은 『건축 이전의 건축, 공
동성』에서 이를 '시설'에 대한 논의로 확장하고 있다. 시설에 의
한 관점은 현대사회에서 건축가가 전적으로 다룰 수 없는 건물

루버월의 1층 카페 공간

의 프로그램과도 연결되지만, 건축을 오랜 시간 향유하는 입장에서 보면 궁극적인 관점일 수도 있다. 에이앤디는 여러 시설을 '문화적 생물'로 보며 종의 다양성을 위해 번식해야 할 산물로 보는데, 과정에 충실한 논리로 현재 다양한 종이 형성되어 있지 않은 것에 대한 문화적 불만에 기인한 논리라 할 수 있다. 그러나 종의 다양성보다 중요한 것은 시설의 존재 목적일 것이다.

근린생활시설 건물에서 본질적인 종의 목적에 대한 탐색이 루버월로 귀결되었음은 명확하다. 건축주가 독특한 건축가를 수년간 찾은 노력의 결실이기도 하며, 건축가도 근린생활시설 건물에 하나의 궁극적인 종을 더한 경우이다. 루버월은 단연코 임대 면적 계산에 신경 쓰지 않은 시설이다. 지하도 없고 1층의 카페 외에 주거 유닛도 하나밖에 없는, 어찌 보면 저학년 건축학도가 현실감 없이 혼자 살며 일할 수 있는 높은 공간을 설계한 것과 같다. 신도시 택지가 분할되면서 형성된 택지에서 이런 순수한 종을 만나기는 쉽지 않다. 일찍이 1990년대에 지어진 수졸당도 주변 지역처럼 용적률을 올릴 수 있는 땅에 집 한 채만을 지은 것처럼, 루버월은 유닛 수가 가게 하나와 집 하나로 단출하다.

이런 좋은 조건을 건축주와 건축가가 합의했을 때, 그 이후의 과제는 무엇일까? 근생 건물의 보편적 종에 전혀 다른 DNA를 만드는 것. 루버월은 보편적 종들에 둘러싸인 대지에서 태양을 싸워야 하는 대상으로 삼았다. 옥상 없는 온실 같은 하나의 유리통을 원형으로 삼고 아침부터 1층 카페 카운터에까지 햇빛을 최대한 받게 하겠다는 단순한 전략이다. 일단 유리통을 선택하면, 햇빛 조절을 위해 루버, 즉 브리즈 솔레이유brise-soleil, 차양를 설치해야 한다. 적절히 열고 가린다는 의도이다. 시루떡처럼 지어진 아파트와 근린생활시설 건물에서 우리는 햇빛을 찾는 신체적 본능을 잃은 지 오래며, 사방이 꽉 막힌 창 없는 방에도 익숙해진 현실에서 아침부터 저녁까지 햇살의 궤적을 끌어 들이는 유리 동굴은 환상 그 자체임이 틀림없다. 돈을 잠시 잊는다면 매일매일 살아 있다는 사실에 감사함을 느낄 수 있는 일체적인 공간이다. 해가 뜨고 지는 순리에 맞추어 사는 것이다.

동쪽의 지붕부터 서쪽의 벽 아래까지 유리 커튼월 위에 컴퓨터 시뮬레이션을 거친 최적화된 알루미늄 루버louver가 덮혀 있다. 태양의 궤적에 각도를 맞춰가며 여름에는 해를 막고 겨울에는 햇빛을 받을 수 있도록 조절되는 루버는 어찌 보면 70년대 장발족의 머리처럼 동쪽에서 시작한 가르마가 서쪽 머리 아래까지 귀를 덮으며 잘 빗어진 모습처럼 보이기도 한다.

건물 입구부와 상층부 주거를 위해 휘어진 콘크리트 벽 사이 압도적인 공간은 오로지 1층의 카페에서 햇빛을 받기 위해 벌어져 있다. 주 출입 계단을 올라가며 그 두 벽의 단면을 바라볼 수 있게 계단에서 돌출된 플랫폼은 손에 닿을 듯한 아침의 햇빛을 받을 수 있는 여유 공간으로, 마치 성당의 기도소 같은 느낌도 든다. 입구의 흰 벽은 빛으로 어루만져지고, 천장의 흰 벽은 1층의 밝은 빛에 의해 무거운 듯 떠 있다. 이 같은 모습은 뭐라고 표현할 수 있을까? 그저 커피 볶는 향을 밝히는 빛을 떨어뜨릴 뿐 소소하다. 일반적 건물에서는 기대할 수 없는, 높은 데서 내려오는 빛 아래에 녹인 소소함은 건축적 유형의 차별화에 의해 만들어진 초월처럼 느껴진다. 주인의 하루는 구속으로부터 벗어나 겨울의 카페에서 빛을 쬐며 손님을 맞는 것이다. 건축에 둘러싸여 공간을 바라보며 커다란 빛의 세례를 받는 초월적인 생활이 만들어졌다.

건축적, 경제적 구속을 초월한 루버월이라는 종을 통해 빛의 충만 아래 유영하며 생활하는 새로운 경험을 한다. 환경이 주는 축복 아래에 사는 사람은 일상의 환경에서는 느끼지 못하는 삶의 감각을 회복할 수 있다는 얘기이다. 루버월은 봄과 여름, 가을을

지나 다시 겨울이 와봐야 드디어 건축적 구속을 벗어난 초월이

현실화될 것이다.

에이앤디(AND) 제공, 사진작가 신경섭

초심을 잃고 소비되는 노출 콘크리트

아름지기 재단
김종규

건물 높이가 비교적 균일한 유럽의 오래된 도시와 달리 서울은 지역의 특성에 걸맞은 건물의 높이와 규모를 지니고 있지만, 급속한 현대화로 인해 우후죽순 건물이 생긴 지 오래다. 대표적인 곳이 서촌과 북촌이다. 이곳은 경복궁 동서쪽 담에 면하여 제법 큰 미술관들이 들어서서 독특한 풍경을 이루고 있다. 1990년대 개발 당시 건축 허가 기준이 법적으로 적절한 규모에 맞추어져 있어 딱히 환경을 개선할 수도 없었지만 최근 대두되는 휴먼 스케일적인 도시의 변화 등을 본다면 당시의 개발은 터무니없다. 박물관화에 따른 세계화 문제와 국내 문제를 같이 비교하며 서촌과 북촌의 아이덴티티에 대해 생각해보자. 세계적으로는 박물관 브랜드화에 대한 거부의 움직임은 있지만, 박물관이나 미술관 건물 그 자체에 대한 거부는 아니다. 일례로 공모전을 통해 당선된 국립현대미술관 서울관의 공모안 제목은 '형태 없는 미술관Shapeless Museum'이었다. 미술관의 형태를 강조하지 않으며 북촌의 콘텍스트를 충분히 고려한 것이다. 결과적으로 군사정권의 잔재였던 건물을 허물고 대지의 역사를 존중하며 북촌의 스케일과 길의 연속을 느낄 수 있는 공간과 풍경을 창조하였다. 사설 미술관이 아니기에 가능했을지도 모른다.

세계로 눈을 돌려보면 빌바오의 구겐하임 미술관은 전 세계적으로 알려져 랜드마크가 만들어낸 파급효과로는 단연 선두적이다. 빌바오보다 약 40년 앞서 세워진 뉴욕의 구겐하임 미술관

역시 미술관의 새로운 전형을 보여주면서 근대건축의 강한 건
축적 예술성을 표현한 바 있다. 이처럼 구겐하임 미술관들은 앞
서가는 디자인으로 아방가르드한 예술과 건축을 선호한 구겐하
임 컬렉션을 상징하는 랜드마크를 형성하였다. 이는 메디치 가
문이 예술가와 건축가 들을 후원하며 피렌체를 르네상스 예술
의 메카로 만든 것과 비슷하다. 현재 구겐하임 미술관들은 나라
마다 이미지는 다르지만 그곳에 가면 좋은 미술품과 건축을 볼
수 있다는 기대를 유발한다. 종종 예술의 상업화를 이야기하곤
하지만 구겐하임은 전위적인 건축가들의 작품으로 그들의 미술
관을 짓고 있다.

뉴욕의 구겐하임 미술관은 프랭크 로이드 라이트의 설계로
1959년에 완공되었다. 구겐하임 재단 창립자 솔로몬 구겐하임
의 문화 후원 분위기와 경제적 배경은 조카인 페기 구겐하임도
고스란히 물려받았다. 뉴욕에서는 추상표현주의 작가를 중심으
로 후원이 전개되었고 그중에서도 미국 화가 잭슨 폴록에 대한
후원이 상당한 비중을 차지했다. 개인적 후원이 경영의 코드 아
래 조직화되며 박물관화의 이면은 드러난다. 1988년 미술사 교
수였던 토머스 크렌스가 뉴욕 구겐하임의 관장으로 부임하며
공격적인 마케팅을 구사하기 시작했다. 뉴욕 구겐하임 미술관
을 보수하여 새 단장을 하고, 오스트리아, 베네치아에 새로운 부

뉴욕 구겐하임 미술관

지를 모색하였다. 크렌스가 15년 동안 250회 이상의 기획전을
준비하며, 기획전의 성공 여부에 미술관의 흥망을 걸었다고 해
도 과언이 아니다. 전 세계적으로 미술관의 브랜드화와 유명작
을 내세운 기획전은 현재 거의 모든 미술관 디렉터와 큐레이터
들의 미술 전시회 준비 전략으로 크렌스의 브랜드화를 모델로
하고 있다.

크렌스의 발 빠른 행보는 기업의 프랜차이즈화 전략을 도입하
여 분관을 전 세계에 세움으로써 보다 폭넓게 구겐하임 미술관
을 알렸다. 기존 미술관의 병합 또는 흡수합병을 통해 지역 예술
문화를 '구겐하임화'하고 있다. 독일 구겐하임 미술관 분점은 도
이체 은행으로부터 자금을 조달받는 대신 미술관 이름에 은행
명인 도이체Deutsche를 사용하여 '은행+미술관'이라는 새로운
후원 경영 방식을 선보였다.

하지만 모든 사람들이 브랜드화된 미술관을 들여오는 것을 반
기지는 않는다. 미국의 클리블랜드 미술관장이었던 셔먼 리는
구겐하임 미술관의 전략을 비판하며 "세계 어디에나 똑같은 시
스템의 미술관을 원하진 않을 것이다. 마치 런던이 로마와 구별
이 불가능해지는 것처럼"이라고 말했다. 런던의 영국박물관을
겨냥한 듯한 그의 말은 구겐하임식의 미술관에 대한 유럽인의

비판적 입장을 대변하는 듯하다. 2008년 구겐하임은 리투아니아 빌뉴스Vilnius 시의 새로운 미술관을 위해 자하 하디드의 안을 선정했다. 개발 타당성 조사 결과가 긍정적으로 판명되어 '현대적 미디어 아트의 새로운 중심'을 꿈꾸는 랜드마크 뮤지엄이 빌뉴스 시에 들어서게 될 것이었지만, 진행이 유보된 지 오래다. 한편 핀란드의 수도 헬싱키에 들어설 예정이던 구겐하임 미술관 분관의 건축 계획안이 좌초에 부딪혔었다. 2014년 시의회의 심의 위원회가 구겐하임 분관 건립 안건을 재정 부담이 높다는 이유로 부결했다. 이미 핀란드 문화부 장관이 직접 자신의 블로그에 "핀란드 납세자들이 부유한 다국적 재단을 위해 재정적 뒷받침을 해야 하는지 자문해보는 일 또한 중요하다"고 밝힌 것처럼 비용 부담을 놓고 그동안 의견이 분분했었다. 그러나 2015년에 설계 공모는 단계적으로 진행되어 여섯 작품을 뽑은 후 결국 프랑스 건축가, 모로 쿠스노키 아키텍츠Moreau Kusunoki Architectes의 '도시 속의 예술Art in the City'이라는 작품을 최종안으로 뽑았지만, 자금 부족으로 프로젝트가 좌초되었다.

구겐하임 미술관들은 각국의 큐레이터들로부터 그들 나라의 문화·예술에 대한 정보를 수집함으로써 과거 메디치 가문이 르네상스 시대의 문화·예술품을 모아서 전시했던 것과 같은 기여를 하고 있다. 20세기에 새로운 모더니즘 미술의 장을 열었던 것처럼 미국은 현대 미술과 건축까지 주도하고 있다. 구겐하임 재단을 통해서 낯설지만 창조적인 예술과 건축은 세상에 등단할 기회를 얻고, 대기업의 지원을 받아 작품이 의뢰된다. 우리는 마치 유명 가수의 새로운 앨범이나 신상품이 출시되는 것처럼 기다리게 되는 것이다.

박물관화의 문제가 조직화되는 예술 후원과 그에 수반되는 글로벌한 스타 건축가의 홍보에 있다면, 국내에서는 보다 미시적인 관점에서 건축과 도시와의 문제에 국한해보자. 서촌의 건축적 DNA는 어디에 있을까? 조선 시대부터 서촌은 중인들이 살던 곳으로 화가와 문인 등 예인藝人들이 살던 역사가 있다. 인왕산 바위와 수성동 계곡은 오후부터 서촌에 그림자를 드리우며 예술과 글을 논하기에 충분한 분위기를 만들었으리라. 또한 다양한 기술에 능했던 중인들은 생활에 필요한 도구를 만들어냈다. 예술적인 분위기와 장인 정신이 서촌을 지배해왔다. 그러나 1990년대의 경제 활황기에 작은 필지들이 모여 있던 서촌에 대지를 합필合筆하면서 크고 높은 갤러리들이 지어졌으며 지금도 합필을 통한 개발은 진행 중이다. 그러나 원래 서촌의 예藝와 기妓의 전통을 잇는 것은 서촌의 콘텍스트에 맞는 작은 갤러리들과 창의적 공간이다. 높은 건물이 들어와 인왕산과 경복궁의 조망을 막는 것은 서촌의 존재감을 없애게 된다.

서촌 한옥의 콘텍스트에 맞추자는 것이 아니라 한옥이 만들어낸 서촌의 골목길과 휴먼 스케일을 유지하며 전통을 새로운 형식으로 변화시킬 수 있는 가능성을 논하는 것이다. 건축가 조병수가 설계한 온그라운드 갤러리는 적산 가옥의 지붕을 수리하던 중 발견한 지붕 구조에서 새어 나오는 빛의 효과를 살려서 건축 전시 갤러리로 탈바꿈하였으며, 광복 이전 서정주를 비롯하여 문인들이 '시인 부락'을 만든 역사가 있는 보안여관은 현재 복합 문화 공간으로 운영되고 있다. 그러나 마음이 편치 않는 역사가 있는 건물도 있다. 아름지기 재단 위치는 말이 많은 곳이었

갤러리 온그라운드의 지붕

48

아름지기 재단

다. 애초에 재단을 세우려던 대지가 청와대와 가까운 까닭에 경
호상의 문제로 국유지와 맞바꾸게 되었고, 국유지였던 통의동
땅은 조선 시대 왕족의 집터가 있던 곳이었다. 공사 중 문화재가
발굴되면 공사 중단과 더불어 문화재청의 심의가 진행되지만,
보존 가치를 57퍼센트로 평가한 문화재청의 점수는 공사를 진
행할 수 있는 면죄부이기도 하였다. (60퍼센트 이상이면 공사를
진행할 수 없다.)

건물은 요즘 하나의 스타일로 간주되는 노출 콘크리트로 마감
되어 있고 2층에는 한옥이 있어서, 마치 아방가르드 현대건축이
복고 문화를 소비하는 듯하다. 현재 가장 상업적으로 소비되는
노출 콘크리트와 우리 것인 한옥이 조선 시대의 유구遺構인 돌무
더기들을 북쪽으로 치우고 서 있다. 안도 다다오의 노출 콘크리
트부터 시작된 군더더기 없는 미학이 1990년대에는 포스트모더
니즘에 반기를 든 명증한 미학이었다지만, 최근 상업적으로 소
비되는 현실도 부정할 수 없다.

노출 콘크리트는 익명적인 재료로 인식될 수도 있고, 건축주들
에 의해 소비된 유형으로 간주될 수도 있다. 요즘 시대의 노출
콘크리트는 표정을 가지지 않음으로써 오히려 선입견이 생긴
건축 재료다. 그러나 침묵하는 표정의 대상은 더 이상 90년대의

49

난립하는 근린생활시설이 아니며 그 자체의 옷깃 여밈과 같아, 더러운 길거리를 깨끗이 하고자 하는 것이 아니라 아예 나오지 않는 사람의 모습과 같다. 사치일 수도 있지만 취사선택이 가능한 시대에 살고 있는 이의 무난한 선택일 수도 있으며, 말할 상대가 없는 이의 침묵일 수도 있다.

누구를 위한 침묵인지, 서로의 대화인지 쉽게 분별이 되지 않는다. 도시에 반감을 가지는지, 도시를 포용하는지, 도시가 반응하길 기다리는지 분명하지 않다. 익숙한 익명적인 제스처도 아닌, 실험적이지 않은 새로 지은 한옥과 시간이 중첩되는 시뮬레이션이 드러난다. 서촌이라는 물리적 지형에서 이 집의 역사에 대한 태도는 유구, 신新 한옥, 노출 콘크리트 매스, 적삼목 면의 물질로 조합으로 드러난다. 역사 보존preservation이 원형을 그대로 보존하는 방법에서 건축가의 상상력이 동원되는 방법으로 진화하는 전조를 보여주는 것 같기도 하다. 하지만 한편으로 쓸쓸한 기분이 드는 이유는 조합 그 자체와 그것을 받쳐주는 2층의 조합된 레벨링에서 비롯된다. 현대건축의 콘크리트, 전통 건축의 한옥, 조경 공간이 정착된 모습이 아니다.

노출 콘크리트 패턴의 벽지가 생산되는 요즘의 노출 콘크리트 표면은 각양각색으로 달라지는 도시 풍경에 대비하는 모습으로 등장했지만, 초심을 잃고 소비되는 하나의 선택 사양이 되고 말았다.

서촌은 낮은 건물들로 이루어져
있지만, 개발 시대에 지어진 다소
높은 건물들이 삐죽삐죽 솟아
강남의 미술관과 같은 시설들이
어울리지 않게 존재한다.

chapter 2. 유형

바닥의 건축 PaTI, 마이애미 주차장

미끈한 건축, 거친 건축 DDP, 세운상가

도시를 닮은 건축 자하재, ZKWM 블록

용적률을 채우지 않은 건축 층층마루집

곡선의 건축 베를린 국회의사당, 애플 신사옥

호기심이 넘치는 건축 피노파밀리아

자전적 기억이 구성된 건축 반스 미술관

예술과 공존하는 건축 광장시장 구 상업은행 건물과 벽화

벽이 없는, 바닥의 건축

PaTI, 마이애미 주차장
김인철, 헤르조그&드 뫼롱

빈 캔버스 또는 단색 캔버스는 캔버스화畵의 물리적 한계에 대해 화두를 던진다는 점에서 개념예술로 자리매김하였다. 사각 캔버스의 한계를 극복하고자 만든 프랭크 스텔라의 다각형 캔버스 역시 고정관념을 벗어나려는 시도였다. 벽화에서 캔버스화로 진화한 후 캔버스화에 대한 질문은 급기야 아무것도 없는 캔버스화를 낳게 되었다.

마크 로스코 그림에서의 선禪적인 경험이나 이우환의 단색화에서의 조용한 경험은 캔버스 자체의 느낌에 대한 회복이라 할 수 있다. 이런 개념적인 캔버스화는 캔버스화가 나타나기 이전에 벽화에 둘러싸인 공간적 분위기를 재현했다 할 수 있을까? 페인팅이 벽을 중심으로 발달했다면, 건축은 벽보다는 바닥이 중심이다. 회화나 다른 장치가 벽을 대신할 수 있어도, 바닥은 바꿀 수 없는 건축의 기본이다. 벽은 생존과 유희의 본능을 채워준다면, 바닥은 그것을 가능하게 하는 플랫폼이다.

인간이 최초로 사회적인 공간을 만들었을 때 무엇부터 만들었을까, 지붕부터, 바닥부터, 혹은 벽부터? 오로지 생존만을 위해 몸을 가리고 보호하려면 지붕과 벽부터 만들었겠지만, 사회적인 공간에서는 바닥의 레벨링이 제일 중요했다. 불을 피우기 위해 바닥을 낮추기도 하고, 잠자리를 만들기 위해 바닥을 고르며, 연장자를 받들기 위해 바닥을 높이기도 한다. 바닥을 평평히 고르고 신전을 짓는 것은 일종의 사회적 약속이라고 할 수 있다.

플랫폼은 무엇을 할 수 있게 하는 장場이다. 파르테논 신전의 기단부도 평평하고, 불국사의 석축으로 만들어진 절터도 평평하다. 평범, 평균, 평화, 태평 등등 평평한 것은 서로 동등하고 견제가 이루어진다는 뜻을 담고 있다. 그중 '지평地平'이라는 말이 수상하다. 평야를 보거나, 바다를 보거나, 한 인간의 정신적 세계를 볼 때 느껴지는 광대함을 뜻하니 말이다. 마음의 지평은 지구에서 우주를 향한 지평과 동일시된다.

건축가는 지평을 어떻게 형상화할까? 미국이 낳은 세계적 건축가 프랭크 로이드 라이트Frank Lloyd Wright는 인디언이 살았던 아메리카 대륙의 수평성을 동경하여 지평선을 닮은 평지붕을 구사해 주로 수직적인 유럽 건축에 시각적 충격을 주었다. 수평의 막히지 않는 평면을 민주적인 평면이라 일컫기도 했다. 라이트의 벽과 창은 숲을 연상시키는 패턴화된 모습으로 민주적인 평면의 끝을 장식하곤 했다.

라이트의 낙수장

라이트의 위스콘신 주택

포르투갈의 파티마에는 성모 발현한 성지가 있다. 성지의 광장은 성모 발현을 기리는 미사를 위해 아주 크게 만들어졌다. 이 너른 바닥에서 눈길을 끄는 곳은 광장 왼편에 있는 반질반질한 대리석 길이다. 이곳으로 오는 순례를 마감하기 위해 무릎으로 기어 오는 길이다. 기적의 장소를 향해 가는 광장의 평평한 바닥은 재료 그 자체로 강조되어 있다. 거친 광장의 바닥에서 비어 있는 대리석 길은 순례길의 마지막을 암시하며 현대에 재현되는 신적인 플랫폼을 이루고 있다.

작은 건물에서 수평적 바닥을 강조하는 방법은 벽을 없애는 것이다. 벽화에서 캔버스화로 발전한 것처럼 벽이 없는 건축으로의 변화는 바닥의 강조이다. 벽을 없앤 건축 중 인상적인 사례는 반 시게루가 설계한 커튼월 하우스다. 어떤 사연인지 이 집은 큰 커튼을 걷으면 넓은 테라스가 있어 바닥이 훤하게 드러난다. 가정집이지만 바닥의 크기에 비해 그 의미는 깊게 탐구되지 않았

파티마 성지의 대리석 길

다. 용도가 딱히 정해진 것이 아니다. 만약에 이 집에서 파티를 자주 연다면 바닥에서 이루어지는 사람들의 모임이 강조되었을 것이다.

반 시게루의 커튼월 하우스

헤르조그 앤 드 뫼롱Herzog&de Meuron이 마이애미에 설계한 주차장 건물 1111 링컨 로드는 벽이 없는 반면 바닥이 강조되었다. 이 주차장에서는 너른 바닥과 꼭대기 층의 높은 층고를 이용하여 다양한 행사가 펼쳐진다. 건축주는 맨 꼭대기에 살기도 하고, 결혼식 같은 이벤트를 위하여 한 층을 통째로 임대할 수 있게 하였다. 사람들은 시내의 야경을 벽 삼아 이벤트를 즐긴다. 마치 로프트나 펜트하우스에서 이벤트가 열린 것 같은 분위기를 만들며, 벽 없는 바닥의 의미를 다시 생각케 한다. 도심 공동화가 심한 미국 대도시의 풍경을 높은 위치에서 즐기는 레벨로 쓰인 것이다.

주차장 같지 않은 이 새로운 주차 빌딩을 위하여 디벨로퍼는 전 세계 스타 건축가 열 명을 인터뷰하고 헤르조그 앤 드 뫼롱을 낙점했다. 다양한 시도 끝에 도시의 레벨링을 강조하는 방법을 선택한 것이다.

헤르조그 앤 드 뫼롱의 1111 링컨 로드

우리나라에서는 벽 없는 바닥 건축이 쉽지 않다. 거주 공간이 아닌 대안 공간 정도 되어야 가능하다. 건축가 김인철이 설계한 파주타이포그라피학교 파티PaTI는 대안적 교육기관의 성격만큼이나 공간도 예사롭지 않다. 뱅글뱅글 돌아가며 각 층 바닥은 50센티미터씩 올라가고 각각의 플랫폼이 하나의 디자인 스튜

바닥을 강조한 건물, PaTI

디오를 구획한다. 창조적 작업을 위한 스튜디오는 벽을 만드는 대신 플랫폼의 연속으로 이루어졌다.

파티는 파빌리온과 같이 가설적이다. 건물의 기능이 강조되어 단열 및 밀폐 기술이 발달하는 요즘, 파티는 건축의 개념적 모습인 바닥에 대한 탐구도 진화한 면을 보여주고 있다. 그러나 우리나라 같이 사계절이 뚜렷하고 습기가 많은 곳에서 바닥을 강조한 건축을 만나기는 쉽지 않다. 기술적 편의를 버리고 바닥의 의미와 비확정적 용도를 강조하는 것은, 도시에 새로운 가치를 가져오는 도전이다.

모노크롬 회화가 드러내는 단순성과 캔버스화에 대한 개념적 접근은 좁은 캔버스의 표면을 최대한 단순하게 보여주는 동시에 캔버스 그 자체의 한계에 대해 의문을 던지게 하였다. 의미의 강한 수렴성을 드러낸 것이다. 건축에서는 그동안 기술적 편의의 발전을 담아왔던 벽을 점차 걷어내며 바닥에 대한 새로운 해석과 강조를 드러냈다. 2000년대에 유행했던 네덜란드 건축가들의 경사진 바닥에 대한 탐닉 역시 기존에 층으로 나누어져 있던 바닥의 형식에 층으로 쉽게 나누어지지 않는 층간層間의 연결 상태를 만든 것이다.

로테르담 도시 축제에서는 건물의 지붕을 도시의 플랫폼으로 만든 사례가 등장했다. 2차 세계대전으로 황폐해진 로테르담을 75년 만에 재건한 것을 기념해 광장의 오래된 건물 옥상에 공사

장 비계를 이용하여 180개의 계단, '데 트랩De Trap'을 만들어 시민들에게 옥상을 개방하고 도시의 변화를 몸소 체험하게 만들었다. 별것 아닌 것을 특별하게 변모시켜 무료로 도시를 조망할 수 있는 공공 공간을 제공한 것이다. 도시와 건물의 플랫폼은 어쩌면 모노크롬 회화의 면처럼 불확정적으로 영역 구분 없이 칠해져 있어야 한다. 너른 캔버스 같은 플랫폼의 공간은 개개인에게 '공동체 의식'을 각인하는 공간으로, 개개인이 모여 새로운 협의를 위해 누구나 평등하게 접근할 수 있는 곳이라면 더할 나위 없을 것이다.

MVRDV의 데 트랩

미끈한 DDP와 거친 세운상가의 대비

DDP, 세운상가
자하 하디드, 장용순/김택빈/이상구

동대문디자인플라자Dongdaemun Design Plaza, 이하 'DDP' 개장 이후 언론의 관심 및 변화는 무쌍했다. 각계의 발표는 다르나, 언론에서 이야기하는 공사비 5000억은 부풀려진 것이 사실이다. 투입된 공사비는 3800억 이하이며 문화재 발굴 등 부대 비용을 합쳐 총 4800억 정도이다. 오세훈 시장이 추진한 '디자인 서울'은 타임지에도 광고로 등장했으며, 서울디자인재단 또한 그의 재임 시 만들어졌다. 건축계에게 디자인계의 발전은 나쁜 소식이 아니며 동반 상승의 가능성도 충분하다. 이 시점에서 DDP가 없어진다면 그 또한 이상한 상황이 될 것이다.

한때 논란의 중심에 섰던 DDP

DDP를 설계한 자하 하디드Zaha Hadid는 그림과 조형에 강하다. 그녀의 동료인 파트리크 슈마허Patrik Schumacher는 그녀의 건축적 상상력을 실제 건물로 구현하는 파라메트릭parametric 표면 설계 기법[1]을 이용해 발전시켰다.

지금까지도 회자되는 DDP에 대한 원론적인 비판은 서울의 역사성을 고려하지 못했다는 것이다. 동대문운동장과 조선 시대 성곽의 역사를 적극적으로 살리지 못했다는 것이다. 사실 가타부타 논하기 쉽지 않다. 역사는 계속 흘러가며, 일상적 기대와 기억을 만들기 때문이다. 박제화된 성곽과 도감都監의 기초가 역사를 얼마만큼 기록할 수 있을까? 군데군데 떨어져 있는 모습 때문에도 역사적 재현이 쉽지 않다. 예전 모습을 그대로 지키는 것 또한 무슨 의미가 있을까? 그러나 역사도심 서울의 자존심에 상처가 남은 것도 사실이다. 많은 전문가들이 바랐던 것은 과거와 현재가 공존하는 상황이었다. 동대문이라는 장소의 유전자는 조선 시대 포목이 거래되던 장터에서 패션 타운으로, 또한 창의성을 모토로 진화할 것이다. 동대문과 성곽이 위치하면서 장터와 도감이 형성되었고, 그로 인한 역사의 연속성이 DNA의 변이를 통하여 지금까지 유지되고 있다.

어울림 광장으로 옮겨진 조선 시대 유적

현재 '살아 있는' 동대문 지역의 DNA는 뭘까? 천과 직물에 관련된 상품들의 시장과 사람들 간의 교환이다. 한밤에 패션 아이템을 살 수 있는 곳, 한때는 중국 관광객들의 밤 코스로 각광받았던 곳, 동대문운동장은 없지만 스포츠 용품 거래가 이루어지는

1──────
파라메트릭 표면 설계 기법
곡선이나 표면에서 여러 독립적 변수를 적용해 만드는 기법으로, 주로 유기적인 비정형 곡면의 표면을 만들 때 쓰인다.

DDP의 내·외부 공간

곳이다. 이런 볼거리가 큰 역사적 의미 없이 진행된다면, DDP는 시장과 체육관과는 다른 방식으로 동대문 DNA를 형성할 주체이다. 그 주체는 전통적인 생산방식에 기대지 않으며, 생각하지 못했던 방식으로 디자인 문화 콘텐츠를 만들어갈 싱크탱크이다. 자하 하디드 팀과 삼우설계 팀은 그것을 위해 잘 입혀진 집을 디자인한 것이다. 건축가의 직업적 임무는 충분히 수행했지만, 건축의 '역사의 기록과 창출'이라는 책임은 버거웠다.

하디드는 DDP에서 열린 특강에서 DDP 외부 공간의 불성실함이 비판받는 사실을 알고, 건축의 공공성은 실내에서도 충분히 이룰 수 있다 했다. 그러나 동대문의 아우라는 DDP 실내에서만 구현할 수 없다. 동대문의 DNA가 유기적이기 때문에 DDP 하나가 크게 바꿀 수 있는 것도 아니다. 소규모 생산과 유통이 이뤄지던 동대문에서 새로운 과제인 디자인의 부흥이 이루어지길 기대하고 있는 것이다. 그 기대는 낯선 DDP라는 건물의 힘을 믿고 싶은 데서 비롯된다. 거리와 단절시키는 그 넓은 선큰sunken 개구부, 조경, 보행로 등이 어떤 역사를 창출할 수 있을까? 감각 있는 디자이너가 이곳을 보고 영감을 얻을 수 있을까? 광활한 실내와 실외 공간은 대규모의 엑스포 전시장처럼 일회성 전시 공간이 되기보다는, 단지 몇 명이 이용하더라도 디자인에 관련된 창조적인 작업이 시작되게끔 해야 한다.

그 넓은 공간이 '도시의 게릴라'와 같은 창조 부대에 의해 점령되어야 한다. 기생이든 공생이든 돌파구가 마련되어야 한다. 비정형적인 DDP와 현재의 황량함은 과거 동대문과 성곽이 그랬듯 다양한 창조 작업이 일어나는 난장의 '터'가 되어야 한다. 그래야만 그 안에도 터라고 이름 지은 곳들이 빛을 발할 것이다.

이와 반대로, 세운상가는 최근 공중 보행로세운전자상가-세운청계상가-세운대림상가 구간가 연결된 모습으로 재생되었다. 세운상가는 1969년에 지어져 청계천 위를 가로지르는 공중 보행로도 끊기고, 종묘 앞 건물은 재건축을 위해 허물어서 빈 땅으로 남아 있었다. 건축가 김수근이 의도했던 종묘에서 남산 아래까지의 공중 보행은 이상으로만 남았었지만, 최근 공중 보행로를 연결하는 공모전에서 장용순, 김택빈, 이상구의 안 '현대적 토속Modern Vernacular'이 시공되었다.

매끈한 DDP의 벽면과 달리 세운상가는 공중 보행로와 면한 3층부터 최상층까지는 설계의 대상이 아니었다. 기존의 에어컨 실외기 등이 그대로 보이는 사진을 배경으로 제안된 공중 보행로는 기존의 가설 건물이 들어차 있던 덱의 환경을 개선하고, 세운상가의 2층 상가에 들어갈 수 있는 입구를 덱 아래에 새롭게 만들었다. 공원이 있는 곳은 경사로를 2층과 3층에 만나게 하여 공중 보행로로의 접근을 높였으며, 경사로 아래에서 발견된 20여 채의 조선 시대 민가 터는 철골구조의 집으로 만들어져 시민들이 들여다볼 수 있게 했다. 엘리베이터가 설치되어 상가 옥상으로 바로 연결되고, 도시를 거니는 곳, 종묘와 도시를 바라보는 곳, 4차 산업의 분위기를 이끌 제작소 같은 방들이 세운상가 곳곳에 섞여 있다.

디자인은 각각 다른 건축가가 맡았다. 국제 공모로 채택된 공중 보행로, 옥상 구조물과 엘리베이터 및 문화재는 각각 다른 팀이

세운상가 국제 현상 공모 당선작
'현대적 토속'

설계하여 굳이 통일하지 않은 건축 어휘를 구사하고 있다. 세운상가 하나를 두고 각각 나누어 디자인한 것으로, 사실 세운상가의 2단계 공중 보행로삼풍상가-PJ호텔·진양상가 구간도 국제 공모를 통해 이탈리아 모도 스튜디오Modo Studio의 설계를 따름으로써 다른 재료와 어휘의 공중 보행로가 만들어질 것이다. 또한 세운상가 남단에서 건너편 건물로 이어지는 육교를 연결하여 보행의 연속성을 유지하려 계획하고 있다. 필동을 거쳐 남산에 있는 옛 국가안전기획부안기부 건물인 서울시청 남산 별관이 연결되면서 남북으로 종묘에서부터 남산에까지 이르는 보행 연속 체계가 만들어지면 1969년에 김수근이 만들고자 했던 보행 체계가 실현될 수 있을 것이다.

세운상가 재생 프로젝트는 보행 체계와 더불어 세운상가의 옛 영광을 되살리는 4차 산업을 모티브로 하여 종묘 아래 서울 도심 지역을 재생하는 계획이다. DDP 역시 디자인 산업의 메카로 동대문의 DNA를 계승하기 위해 만들어져 현재 다양한 행사가 열리고 있다. DDP 디자인을 차별화하려고 건설에 많은 예산을 쏟았고 디자인 진흥 정책의 영향으로 많은 외국인들이 이곳을 보러 오는 것도 사실이다. 반면 세운상가는 주어진 예산에 맞춰 지어졌으며 각각 다른 공구工區로 나누어 서서히 완성돼가고 있어, 기존의 세운상가가 급속히 지어진 속도에 반하는 듯하다.

DDP에 있는 파빌리온이 기능을 다하지 못하고 일부는 철거된 상황에서 세운상가의 공중 보행로 위에 놓인 파빌리온 '플랫폼 셀'은 4차 산업의 전초기지가 될 수 있을까? 작은 공간의 제약으로 인해 쉽지 않을 것으로 보이지만 긴 보행로에서 발길을 붙잡고 이곳의 의미를 공유할 수 있는 파빌리온으로 태어났으면 한다.

도시를 닮은 작은 건물

자하재, ZKWM 블록
김영준

미국의 건축 역사가 앨런 코훈Alan Colquhoun은 건물이 지향하는 철학적 관점에 따라 그 유형을 둘로 분류하였다. 유기적organic 건축과 전체적holistic 건축은 각각 전통과 현재의 연속성을 전제로 하는 휴머니즘적 건축과 기존에 당연시되던 체제에서 벗어난 새로운 체계의 건축을 의미한다.

건축과 도시의 접점을 추구하는 건축가 김영준의 접근을 이런 관점에서 바라본다면, 공간과 길로 연속된 그의 건물은 공동체 생활을 지향하는 비슷한 유형의 건물들이 골목길과 어우러진 유기적 건축에 속할까 아니면 새로 만든 공간과 보행 체계를 통해 임대 가능한 공간이 있는 건물에 아무 점포나 들어설 수 있는 틀을 마련해주는 전체적 건축에 속할까? 이 두 관점의 차이를 알기 위해선 김영준에 영향을 준 건축의 흐름을 다시 짚어볼 필요가 있다. 그가 렘 콜하스Rem Koolhaas를 만났을 때, 그의 책장에는 마키 후미히코의 책 『공동 형태Group Form』가 꽂혀 있었다고 한다. 렘 콜하스와 마키 후미히코, 바로 이 두 사람에게 답이 있다.

유기적 건축의 이론적 입장은 마키 후미히코가 주장하는 집합적 형태collective form가 궁극적으로 도달해야 하는 유형으로서의 공동 형태group form로, 이는 전통적인 마을에서 흔히 발견되는 건물의 집합을 지칭한다. 공동 형태로 번역하는 이유는 비슷한 형태가 모여서 전체적인 마을의 형태를 이루기 때문이다.

마키 후미히코의 스파이럴 빌딩

렘 콜하스의 CCTV 빌딩

마키의 건축에서 전통적인 모습은 현대화되어 공동체를 형성한다. 마키의 건축이 건물에 집중한다면, 미국에서 마키와 조우하여 서로 영향을 주고받은 네덜란드 건축가 알도 반 에이크Aldo Van Eyck는 건물과 건물 사이에 집중한다. '사이의 건축 Architecture In-Between'은 개별 건축에서 공간 사이의 연계와 매개를 중요시하고, 도시에 남겨진 땅을 공공 공간으로 활용하는 작업을 통해 도시의 사이를 채워나간다. 공간과 길이 그렇게 눈에 띄지 않으면서도 한 지역의 자연스러운 풍경을 이루는 것이 유기적 건축이다.

반면 전체적 건축은, 전통적인 공간과 길의 연속과 단절에 집중하지 않고 기능의 혼재를 강화하거나 대조시키는 보다 현실적인 방법을 취한다. 대표적으로 렘 콜하스는 대도시 생활의 복잡한 상황을 맨해튼에서 추출하고 같은 건물에서 각기 다른 프로그램의 기능이 실현되는 것을 보며, 대형화되는 공간의 복잡함을 오히려 긍정적으로 이끌어냈다. 전체적 건축을 제시하면서 건축이 사회구조를 따라가는 것이 아닌, 건축이 사회구조를 이끌 수 있는 변화를 주장한 것이다. 이를 위해 렘 콜하스는 건축과 인프라스트럭처 디자인이 엔지니어링도 포용하여 작은 건축, 중간 건축, 큰 건축, 대형 건축S, M, L, XL을 모두 디자인하는 건축 전략을 넘나들며, 주변과 대비되는 촉매를 주입하여 기존의 패턴에 충격을 주는 수법을 견지하였다.

이런 일련의 흐름에서 김영준의 작업은 현대적 방법론으로 전통적 가치를 획득하려 한다. 전체적 혹은 시스템적인 디자인 방법론으로 현대화된 공동체를 지향하고 있는 것이다. 김영준의 전체적 디자인은 단지화되지 않고 길과 건물의 경계가 없는 공동체를 지향하기에, 다양한 공간의 크기를 만족하는 변형된 공동 형태의 전통을 재해석하여 보다 휴먼 스케일적인 공간 분할을 구사하고 있다. 자하재, 자운재, 학현사 등이 스케일을 달리

김영준도시건축 제공, 사진작가 김재경

위로부터 자하재와 자운재

하여 집합 형태와 길을 재해석하고 중성적인 육면체의 건축 캔버스에 그가 전형적으로 원하는 도시의 일면을 구현한 대표적 예이다. 그러나 하나의 땅에서 한 가족이나 단체가 이용할 시설을 설계할 때는 공동 형태나 '사이의 건축'을 실현하기는 쉽지 않다. 어차피 한 개인이 옮겨 다니며 쓸 시설이라면, 공간의 연계를 통한 사회적 소통은 일어나지 않기 때문이다. 공동 형태와 사이의 건축은 여러 사람이 이용하는 시설에서 가능하며, 형태의 반복과 공간의 사이를 강조하기 위해서는 사회적 소통이 전제돼야 한다.

학현사

유기적이며 전체적인 건축의 통합적 해결은 학현사의 세 매스 틈 사이에 놓인 길과, 길이 넓어지는 외부 공간에서 명확하게 드러난다. 이는 사이 공간의 내부적 길interior street로, 1960년대 구미에서 제시된 건축과 도시의 사이 공간을 지칭하는 '어반 포셰 urban poche'를 닮았다. 어반 포셰는 로버트 벤투리, 콜린 로우의 저작들에서 소개되는 개념으로, 서양 전통 건축에서 흔히 보이는 공간과 공간 사이의 불투명한 매스인 포셰poche를 오브제와 땅의 관계가 역전된 빈 공간으로 인식하여, 도시와 건축의 중간 영역을 지칭한 것이다. 어반 포셰는 건물과 건물 사이 혹은 도시의 공공 공간을 적극적인 디자인의 대상으로 삼을 수 있는 이론

사진과 같이 도시의 빈 공간이 둥그렇게 형성되며, 건물의 평면도 빈 공간의 모양에 따라 오목하게 바뀌면서 생기는 도시의 공간을 어반 포셰라 지칭한다.

ZWKM 블록

김영준도시건축 제공, 사진작가 김재경

적 바탕을 제시한다.

개개 건물의 디자인에 국한되었던 김영준의 공동 형태를 추구하는 건축적 포석은 어반 포셰를 창조적으로 도시에 적용하여, 건물과 건물 사이를 파고들어 공간을 제안하는 진화된 형태로 드러날 수 있을까? 2015년에 논현동에 지은 'ZWKM 블록'은 블록이란 이름이 말해주듯 네 필지筆地를 네 회사가 공동으로 사용하는 곳으로, 어반 포셰가 적용된 성공적인 사례를 보여준다. 지하는 거대한 스튜디오로 한 필지 안에서는 불가능한 큰 크기를 자랑하고, 상층부에서는 서로 양보하며 다양하게 모여 사는 모습을 실현하고 있어 건물의 이름도 건축물이 모인 '블록'으로 명명하였다. 비슷한 일을 하는 네 회사의 구성원들이 뜻하지 않게 만나며 근무하는 것이다. 네 건물이 서로 등을 돌리고 있다면 불가능했을 사람들 간의 만남은 블록 안에서 자연스럽게 만들어졌다. 학현사 건물은 정해진 대지에서 유기적으로 만들고자 했으나 네모난 틀에 갇힌 전체적 건축이었다면, ZWKM 블록은 네 개의 대지에 걸쳐 지어져 전체적으로 건물과 길이 복합된 유기적 모습이다. ZWKM 블록은 어반 포셰와 같은 중간 공간을 적용함으로써 더 이상 순수하게 유기적일 수도, 철저하게 전체적일 수도 없는 사회를 사는 건축인들이 21세기의 건축과 도시 디자인에서 고민해야 할 통섭의 화두를 낳았다.

용적률 게임을 외면한 집의 틀

층층마루집
조진만

조진만건축사사무소 제공 사진작가 진정영

프라이버시를 중시한 층층마루집

조진만의 층층마루집은 그의 첫 작품임에도 비교적 건축가의 의지대로 지어진 단독주택이다. 물론 주변 택지에 무수히 지어진 집들도 제각각의 논리를 기반으로 한다. 일단 최대한의 용적률로 짓고 보자는 건축주들의 생각이 반영되어 있다. 전체적으로 용적률에 맞추어 부풀려져 있는 단독주택들이 모인 주택군은 아주 특이한 지형을 이루고 있다. 건축가가 무슨 죄가 있으랴? 새로 생겼지만 도로와 택지 사이의 관계나 택지 자체의 법적 요건에 그다지 새로울 것 없는 서판교 동네 지형 중 하나일 뿐이다. 우리 건축에서는 이미 정해진 지역 지구의 법적 요건 자체가 문제임을 누구나 다 알고 있는데 딱히 이것을 벗어날 해결책이 없는 것도 사실이다. 지하실부터 2층 위 옥탑방까지 대지가 허용하는 공간을 전부 이용하는 논리, 건축 스타일의 논리, 높은 담장을 허용하지 않는 비교적 개방적인 논리 등이 보이는

조진만건축사사무소 제공, 사진작가 김용성

중정을 중심으로 한 내부 공간

곳이다.

조진만의 층층마루집은 3대가 같이 산다는 점에서 특이할 수 있지만 주거의 양태는 의외로 평범하다. 가운데 중정中庭은 프라이버시를 중요시하는 형식이고 무덤덤한 입면의 외부는 따뜻한 느낌보다는 틀을 만드는 건축 구성 자체에 역점을 둔 것으로 보인다. 신진 건축가로서 건축적 틀이 강한 디자인을 구현하기는 녹록지 않지만, 건축주 가족 구성원과의 협의를 통해 모두를 만족시키는 디자인을 해냈다는 점이 특히 흥미롭다.

중정형의 평면 유형이 모두 똑같지는 않지만 여러 참조 대상이 있었다고 볼 수 있다. 국내 사례는 1990년대 조건영의 불광동 근린생활시설로, 지하부터 원룸식으로 된 주택이다. 지하 1층까지 뚫린 가운데 중정을 대각선으로 가로지르는 다리bridge가 인상적이며, 지하에 위치한 중정에서 바비큐도 할 수 있는 세팅으로

조건영의 불광동 근린생활시설

층층마루집 중정의 용도와 크게 다르지 않다. 김영준의 자하재도 마당이 23개나 되는 네모난 공간의 연속이고 마당마다 각각 이름이 있듯이, 외부 공간의 연속이라는 모티브는 같다 할 수 있다. 세계적 맥락에서 본다면 시스템적으로는 존 헤이덕의 유명한 '나인 스퀘어 그리드'와 평면 구성이 거의 유사하며 피터 아이젠먼의 하우스 Ⅵ에서도 학습된 유형들이다.

위의 유형들은 앨런 코훈의 비교에 따르면 전체적holistic 건축의 평면으로 해석할 수 있다. 코훈에 따르면 전체적 건축은 기존의 패러다임을 뒤집고 새로운 체계로 세상을 인식해야 하는 포스트모던 사회에서 명확히 제시된다. 밀집한 도시에서 프라이버시를 지키기 위한 건축적 노력은 건축의 역사에서 현대적 중정형 주택의 원형에 대한 건축가의 탐구가 더 우세한 것으로, 전체적 건축의 한 전형을 만들려는 노력이다.

층층마루집은 외국의 작은 주호主戶들로 이루어진 테라스하우스 형식을 3대로 이루어진 가족 구성원에 적용한 방식이기도 하다. 중정과 외벽 사이의 실내 공간들은 평면의 계획에 따라 분배되었으나 상대적으로 큰 실내 계단, 욕실 등은 보편화된 주거의 모습이라기보다 평면의 미학이 작용했을 것이라 추측되기도 한다. 비록 커 보이지만 지하실을 만들지 않은 집의 거칠고 솔직한 외벽 구성은 도시계획에 대한 불만을 안으로 삼키는 감옥처럼

존 헤이덕의 다이아몬드 박물관 평면도

피터 아이젠먼의 하우스 Ⅵ

조진만건축사사무소 제공, 사진작가 신경섭

평면의 미학이 강조된 큰 규모의 실내 계단

보인다. 밖은 감옥처럼 보이지만 안은 가족들의 생활을 풍요롭게 해줄 중정과 덱으로 가득 차 있다. 집 안의 세상과 집 밖의 세상은 칼로 자른 듯 명확하다. 창은 최소화되어 있고 식당과 덱에서만 조망할 수 있도록 만들어졌다. 지극히 제어된 조망이며 프라이버시를 유지하는 방법이기도 하다. 담 너머로 건네는 인정은 기대하기 어려운 상황이다. 둥지에 숨어 외부를 바라보게 되는 것이다.

외벽 재료는 외부는 스투코stucco로, 내부는 쪽나무로 양분되어 있으며 내부의 쪽나무가 시간에 따른 색의 변화와 시공의 오차를 허용하기 때문에 비교적 정밀하지는 않다. 외부는 각 층의 슬래브와 벽을 돌출되게 만들어 스투코 벽의 단조로움을 깨고 실내 구조를 읽히게 하는 동시에 내부는 쪽나무를 써서 불규칙적인 면으로 균질한 속살처럼 만들었다. 적절한 겸양으로 내부의 방종을 잡아둔 듯하다. 시간이 지나 나무 색이 회색으로 변해가며 갈라지고 터질지라도 오차가 허용된 중정의 나무 벽면은 상관이 없을 것이다.

건축가는 패기 넘치는 젊음의 승부수를 어디에 던졌을까? 전해오는 관습을 타파하려 노력했을까, 관습에 순응하면서도 그 자신의 실험성을 구현하는 데 충실했을까? 이런 궁금증을 더하는 작업은 흥미롭다. 층층마루집이 제대로 기능하게 하는 건축주의 생활은 늙어감, 원숙해짐, 생기발랄함 등 전 연령대에 해당하기 때문에 기대된다. 노인의 늙음을 손주가 잡아주고, 젊은이의 좌충우돌은 어른들이 잡아주기에, 이 집은 틀이라는 개념과 생활의 실제가 익숙해지는 보완적인 틀이 되었으면 한다. 비록 무지막지한 도시계획의 산물로서 단독주택지의 한 지점에 위치하지만, 한쪽으로 쏠리지 않는 틀의 무관심과 생활의 기대감이 담긴 이 집은 시대를 살아남아 미래의 도시를 바꿀 수 있는 포자가 되어야 하지 않을까?

비정형과 곡선 신드롬

베를린 국회의사당, 애플 신사옥
노먼 포스터

지붕 위의 돔dome은 여전히 우리에게 생소하지만, 돔과 원형 건물은 현대건축에서 제법 등장한다. 곡선은 돔과 원형에서 타원형, 비정형에까지 이르지만, 요즘은 너무 반복되어 시각적 부담으로 다가오기도 한다. 그러나 그 변천은 모방을 통해 이루어졌으며, 공공의 인간사를 구체화하는 과정이었다. 인간사가 굴곡이므로 인간사를 촉발하는 곡선을 필요로 한 것이다.

유럽 교회에 흔한 돔의 원형은 공교롭게도 무덤을 모방한 것이다. 무덤tomb의 어원은 그리스어 '팀보스tymbos, 몸이 묻히는 곳'에서 비롯된다. '팀보스'는 시체가 타서 재가 되어 생기는 둔덕과 같은 모양이다. 둔덕은 평평한 땅에서 죽음을 기리는 공간으로, 인생사 굴곡의 종지부가 둔덕이 된 것이다.

기원전 알렉산더 대왕이 페르시아 왕과의 담판을 위해 페르시아에 다다랐을 때, 페르시아 왕의 큰 텐트 천장에 그려져 있는 그림이 하늘을 표현한 것에 감명받았다 한다. 알렉산더 대왕은 담판을 마치고 돌아오는 길에 그가 존경해왔던 신화적 존재인 아킬레스 장군의 무덤을 방문했을 것이라 추정된다. 그 당시는 석관묘가 대세였으나 경주의 천마총과 유사한 아킬레스의 봉분tumulus은 돔 지붕이 있는 무덤 안에 석관이 놓인 형태다. 알렉산더 대왕은 페르시아의 텐트와 아킬레스의 무덤을 보고 자신의 무덤을 알렉산드리아에 봉분처럼 만들었다 한다. 똑같은 이유로 로마의 황제 아우구스투스는 존경하던 알렉산더 대왕의 무

74

덤을 보고 로마에 그의 영묘mausoleum를 만들었다.

영묘는 알렉산더의 무덤과는 달리 지름이 90미터나 되는 원형
건물이며, 고대 로마의 중심인 마르티우스 광장Campus Martius에
위치하여 아우구스투스 자신이 세상의 중심임을 알렸다. 이곳
엔 아우구스투스를 비롯하여 그와 관계 있는 많은 저명한 사람
들이 잠들어 있다. 아우구스투스 사후 그의 친구이자 부하였던
아그리파Agrippa는 아우구스투스를 기리기 위하여 영묘의 남쪽
에 판테온을 건설하기 시작하였다. 그러나 불에 타고 현재는 하
드리아누스 황제가 지은 판테온만 존재한다. 영묘의 천장은 돔
형태가 아니었으나 판테온은 봉분 형태의 직경 43미터 돔으로,
사실 매우 이른 시기2세기경에 지어진 것이다. 피렌체 두오모의
돔이 브루넬레스키에 의해 15세기에 지어진 것을 감안하면 이
탈리아 문화권에서 돔의 재현에만 천 년 이상 걸린 셈이다.

아우구스투스 황제의 영묘

판테온은 영묘를 발전시켜 돔 형태로 지은 것이지만 그 기능은
로마제국의 자긍심을 고취시키는 신전이었다. 봉분 안의 둥근
천장 아래에서 제사를 지내는 풍습이, 신들의 지붕으로 변모된
것이다. 죽음과 신앙이 교차하는 인간사의 곡선이다. 죽은 자를
기리는 것과 신앙의 대상을 만드는 것이 인간만의 특권임을 확
인시켜주는 곳이다.

판테온

근대에 와서 돔의 의미는 미국 의회당의 지붕으로 쓰이면서 민
주성과 화합되었지만, 전체주의에서는 선동 정치의 단골 도구
로 쓰였다. 히틀러는 그의 건축가 알베르트 슈페어에게 엄청난
돔 공간의 계획을 지시했으며 러시아, 체코, 북한에서도 돔을 응
용한 건물을 종종 볼 수 있다. 르코르뷔지에는 인도의 찬디가르
의사당의 지붕으로 비대칭적인 원형 천장을 만들면서 돔을 현
대화하였다. 반면 우리 국회의사당은 초기의 평지붕 계획안에
돔을 씌우자는 박정희 대통령의 주문이 더해져 현재의 모습이
되었다. 그것도 의사당 천장이 아니고 입구 위쪽에 말이다. 의미

찬디가르 의사당

국회의사당

원형 평면이 변주된 런던 시청

베를린 국회의사당

애플 신사옥 계획안

보다는 기억하기 쉬운 형태만 차용한 것이다.

현대건축에서 원형 평면은 표준화에 영향을 받는 사무실 등에는 적용되지 않았으나, 최근의 친환경적 경향에서는 마천루에도 원형 평면이 종종 사용된다. 이 평면이 태양광을 골고루 받는 최적화된 에너지 상태를 만들기 때문이다. 또한 건물의 꼭대기는 돔으로 씌워져 유리 커튼월의 연속 면을 이루게 된다.

민주와 합의라는 의미에 맞게 돔을 적용한 건물들도 있다. 노먼 포스터Norman Foster가 설계한 베를린 국회의사당의 유리 돔이 대표적인 사례다. 의회당 상부의 돔은 유리로 만들어졌고, 돔 내부에서 의회당을 내려다볼 수도 있다. 권위적인 모습의 돔이 민주적인 기능을 하게 된 것이다. 유리 돔은 지배자와 피지배자의 구도에서 민주적 전환을 표현한다.

원형과 돔의 종교적, 권력적 상징이 지구地球, 화합, 협업을 상징하며 모든 사람이 받아들일 수 있는 언어로 바뀌었다. 런던아이의 동그란 모습, 애플 신사옥의 협업을 장려하는 도너츠 평면 등 각진 세계에서 더 높은 가치를 추구하는 효율적인 원의 세계를 지향한다. 가질 수 없는 것을 이제는 누구나 가지게 된 것인가 아니면 최적화를 위해 진화인가? 당분간 원과 돔의 '곡선 신드롬'은 지속될 듯하다. 오히려 무덤과 납골당이 효율적으로 각지고, 사람 사는 곳과 공공 공간이 동그래진다.

곡선 신드롬의 대표격인 비정형 건축의 가능성은 여기에 있다. 권력을 상징하는 돔과 원형에서 벗어나서 민주적인 비대칭적 모습을 띠는 것이다. 그러나 종종 부담스러운 원의 형태에 자본의 코드가 더해지고, 크기까지 애매하면 눈살을 찌푸리게도 한다. 공공 공간을 만들며 사람들이 모이는 환경을 형성하는 비정형의 곡선은 적절하다. 사람들이 마주하는 방향성을 설정해주고 에워싸기 때문이다. 곡선은 열린 공공 공간을 형성한다. 그러나 여전히 우리에겐 익숙지 않다. 원형의 상징은 강강술래 같은 무형 문화에만 있고 건축과 같은 유형 문화에는 원구단 정도밖에는 없는 듯하다.

과연 원과 곡선을 어떻게 응용하여 푸근한 곳을 만들 수 있을까? 흔히 전통 건축의 자연스럽게 휘어진 대들보와 기둥이 여유를 보여준다 한다. 또한 땅의 자연스런 흐름에 맞춘 우리 정원은 자연에 최소한으로 개입해 여러 방향으로 시선이 가게 한다. 각진 현대 도시의 공간에서 이런 자연스러운 곡선을 어떻게 재현할 수 있을까? 곡면 기하의 상징보다 마음을 포근하게 해주는 것은 어머니의 젖가슴 같은 둥글고 소박한 땅과 공간일지도 모른다. 현대 생활의 각진 단조로움을 감싸고 치유하는 비빌 둔덕같이 솟은 곳과 주머니같이 포근한 곳을 찾아내 만들고 가꾸어 나가자. 마음속으로 손에 손잡고 강강술래의 동그란 궤적을 남길 수 있는 곳 말이다.

베를린 국회의사당의 돔 내부. 시민들은 유리 바닥을 통해 의사당 메인 홀을 내려다볼 수 있다.

호기심이 발현된 건축

피노파밀리아
문훈

문훈의 피노파밀리아는 그동안 그가 설계했던 다른 건물들의 재미있고 기괴한 요소를 그대로 가지고 있지만 매력이 하나 더 있다. 매번 그렇듯이 그의 창의적 영감은 예기치 않게 발현되지만 결과적으로 잘 구현되어서 눈이 의심스럽기도 하다. 파도 모양의 건물 아래 서서 숲을 보자면 마치 DDP의 비정형적 형태의 축소판처럼 보인다.

곡면을 만들기 위해 만든 합판 널을 따라 거칠게 타설된 콘크리트 표면 위에 미장을 하지 않고, 그 거칠음을 자동차용 은색 도료로 매끈하게 칠했다. 2차 세계대전이 끝난 후 자재가 부족한 상황에서 등장한, 거칠게 마감하는 브루털리즘 계열의 분위기와는 정반대로 비싼 자동차용 도료로 마감한 것은 일종의 사치로 보일 수도 있다. 하지만 인건비가 재료비를 상회하는 요즘, 시멘트 미장 후 일반 페인트를 바르는 것과 전체 비용은 비슷하게 나올 수 있었다.

여기서 중요한 포인트는 합판 널로만 마감한 불완전한 상태도 받아들이는 건축가와 건축주의 동의에 있다. 달동네 시멘트 블록 벽을 매끈하게 하는 시멘트 뿜칠처럼, 자동차용 도료를 칠했을 때 느껴지는 표면의 균일함이 고급스러운 분위기를 자아낸다. 이처럼 보통은 싼 재료로 비싸 보이도록 분위기를 연출하지만, 문훈은 그 반대로 거친 합판으로 마감한 집을 자동차처럼 반짝거리게 만든다. 불완전함에서 호기심이 나오는 법이다. 무언

축소된 DDP를 떠올리게 하는
피노파밀리아

가 부족하다 느끼는 것과 호기심은 비례하기 때문이다. 피노파
밀리아에서는 합판 널과 자동차용 도료라는 재료 사용의 반전
이 신의 한 수이다.

피노파밀리아 건물 표면의 매끈함은 인공 바위처럼 논란을 종
식시킨다. 조경을 위해 새로운 바위를 어울리지 않는 땅에 놓
았을 때의 생경함은 시간이 지나면서 새로운 식생이 만들어지
며 마치 그 바위가 그곳에 오래전부터 있었던 것처럼 여겨지듯
이 말이다. 이는 불완전한 사물이 완전히 착생하는 효과를 의
미한다.

문훈의 호기심과 욕망은 어떤 차원의 소통에서 건축 기획에 화

두를 던질까? 독일에는 부유한 집에 분더캄머wunderkammer, 호기심의 방라는 자신만의 콜렉션을 보여주는 방을 마련한 전통이 있으며, 그 대상은 미술 작품, 고고학 유물, 동물의 뼈 등으로 분야를 넘나든다. 건축 오브제의 수집가로서 제일 유명한 사람은 영국의 건축가였던 존 손John Soane으로 현재 그의 집은 존 손 박물관이 되었다. 피노파밀리아 건물도 피노키오에 관련된 물건을 오랫동안 수집한 건축주가 기획한 것으로 일견 분더캄머의 성격을 지니고 있다. 문훈과 그와 비슷한 건축가들이 이런 건물을 건축할 날이 기대된다.

존 손 박물관 내부

피노밀리아 건물은 수려한 산자락의 북측 비탈면에 자리 잡아 주변의 아파트 단지와 마주하고 있다. 산의 남쪽에 자리한 아파트 한 동이 북쪽에 면한 풍경 가운데 파도, 고래, 피노키오가 들어서면서 초현실적인 경관을 만들어내고 있다. 피노키오 코에서 떨어지는 물은 최근에 문훈이 즐겨 쓰는 방식으로 밀양의 풀빌라에도 동일하게 적용한 것이다. 이는 숲과 어울리는 공간감을 만들며, 문훈의 원색적인 드로잉과 연관해 생각해보면 묘한 상상을 불러일으키기도 한다.

욕망과 호기심은 누구나 어느 정도 가지고 있지만 정치적으로 억압된 상황에서 더욱 빛을 발한다. 독일의 지배를 받은 체코에

01 02

01 초현실적인 경관을 만들어낸
피노파밀리아
02 건축가 문훈의 독특함이
드러나는 조형물

문훈발전소 제공. 사진작가 남궁선

서 체코어를 하지 못하는 상황에 처하자 유대인인 카프카는 정치적으로 마이너리티가 되어 아버지의 뜻에 따라 독일어 학교를 다니며 독일어로 작품을 썼다. 그는 독일인도 아니고 유대인도 아닌 마이너리티 같은 존재였다. 그의 독일어는 영어로 번역도 힘들어 원작의 느낌은 충분히 살지 않았다. 그러나 카프카는 자신이 마이너리티가 되는 상황을 문학으로 승화하였고, 들뢰즈와 가타리는 카프카를 어디에도 속하지 못한 주변인이지만, 주류 문화에까지 영향을 줄 수 있는 강한 마이너리티를 형성한 인물로 평하였다. 이런 마이너리티는 다수가 생각하지 못하는 새로운 창조 방식을 제시하는 역할을 하며, 개인의 불완전함이 사회의 완전함에 질문을 던짐으로써 새로운 변화를 요구한다.

문훈을 찾는 건축주 또한 다양하다. 변칙적인 설계를 좋아하는 사람부터 마케팅의 유리함 때문에 그를 필요로 하는 건축주까지 그를 찾는 이유는 다양하다. 다른 건축가의 작품과는 달리 표현적 요소가 많은 그의 건축은 특이한 것을 선호하는 건축주들의 욕구를 만족시킨다. 그러나 그의 건축이 새로운 가치를 창출하여 인간의 실존에 깊은 의문을 던질 수 있을까? 문훈의 건축은 건물과 이미지를 통한 소통의 가능성에 도전한다. 피노파밀리아는 컴퓨터 설계로 만들어진 곡선의 비정형 건축을 역설적으로 풍자한다. 우주선 같다, 연꽃 같다는 모호성을 던지는 비정형 건축과 놀이동산 기구들의 세팅과는 달리, 건축적으로 추상화된 상징물을 제시하고 시공 방법을 달리함으로써 피노키오의 동화적 이미지를 확실히 전달하면서도 실험적 시공 메커니즘에 대해 궁금하게 한다. 일반인이 보기에도, 건축 전문가가 보기에도 구태의연한 것이 없다. 일견 포스트모던 건축과 같은 모습이지만, 디자인과 시공 방식을 동시에 고려해 이미지로 탄생시켰다는 점에서 파격적이다.

앞으로 그의 건축이 어떻게 변화할지는, 건축 조건과 건축주의 요구에 따라 바뀌는 그의 디자인 때문에 추측하기 어려울 것이다. 문훈은 마치 같은 노래를 열 번 불러도 매번 다른 노래를 부르는 것 같은 가수 같다. 그렇지만 누구나 한 번쯤은 그의 호기심에 동화하여 다른 유형의 세상을 경험할 수 있도록 있도록 농익기를 기대해본다.

자전적 기억들의 재구성

반스 미술관
토트 윌리엄스/빌리 치엔

필라델피아의 앨버트 반스Albert Barnes 박사는 제약 회사를 운
영하여 돈을 번 후 친구의 도움으로 프랑스 인상주의 그림을 20
점 구매하게 된다. 1923년에 반스 박사는 펜실베이니아 예술 아
카데미에서 이 그림들을 전시하게 되나, 당시의 문화·예술계는
인상주의를 받아들이지 못하고 반스 박사를 괴팍한 사람이라며
비판하였다. 그 후 반스 박사는 필라델피아의 모든 기관들과 예
술계에 등을 돌리고, 그가 살았던 교외의 미술관과 수목원이 어
우러진 곳에서 수집품 전시가 아닌, 예술품과 식물을 통한 교육
에 치중하였다. 그는 그가 운영하는 제약 공장의 직원들에게 강
의를 하며 수집품을 보여주고, 교육철학자 존 듀이를 초대 큐레
이터로 영입하여 자신이 좋아하는 사람들에게만 예술교육을 실
시한다.

반스 박사의 초상

한편 그의 친구인 존슨앤존슨 사장의 수집품이 사후 필라델피
아 미술관에 흡수되는 것을 보고 반스 박사는 자신의 수집품이
메리온 저택을 떠나지 않도록 지시하는 유언을 남겼다. 반스 재
단은 작품을 관리하며 유언을 지켰으나, 재단 운영의 어려움 등
을 이유로 반스 박사가 그토록 싫어했던 필라델피아 시에서 반
스 컬렉션을 유치하게 되었다. 그의 추종자들은 시와 주 정부에
서 25억 달러에 상당하는 미술품을 취하게 된 과정을 고발하는
듯한 다큐멘터리 영화 〈도둑의 기술The Art of the Steal〉을 제작하
기도 하였다.

좌우대칭이 분명한 메리온 저택

반스 재단이 계획한 새로운 미술관의 건축가로 선정된 토드 윌리엄스Tod Williams와 빌리 치엔Billie Tsien은 마치 유령 설계 의뢰인을 만나는 기분이었다고 회고한다. 그만큼 비중 있는 건축 작업이었다는 뜻이다. 폴 크렛Paul Cret이 설계한 반스 박사의 메리온 저택은 좌우대칭을 이루는 간결한 신고전적 형태이다. 입구 양옆에 부조되어 있는 아프리카 조각을 보면서 윌리엄스와 치엔도 반스 박사의 독특한 취향에 친근감을 느꼈다고 한다. 반스 박사의 특이함은 그림을 배치한 방식에서도 드러난다. 서로 다른 양식의 그림들을 나란히 배치하고 그림 위에 미국의 목조건축 양식에 쓰이는 철물들을 배치한 것이다.

어떤 우연인지 새로운 반스 미술관은 폴 크렛이 설계한 로댕 미술관 옆에 들어서게 되었다. 미술관이 인접한 프랭클린 대로는 필라델피아의 주요 문화시설이 모인 상징적 거리이다. 이렇듯 상징적인 거리에 이웃한 반스 미술관은 비대칭적인 모습으로 메리온 저택의 대칭적인 모습에 파격을 주었다. 주변 조형물도 수목에 둘러싸인 수평성을 강조하며 평온한 모습을 취한다. 기념비적 거리의 반기념비적인 모습이다. 비평가 케네스 프램튼은 건물의 이런 모습이 반스 박사의 괴팍하며 아방가르드한 태도를 재현했다고 보았다.

설계 과정에서 윌리엄스와 치엔은 반스 박사와 필라델피아에

대한 생각, 그들이 좋아하는 장소의 공간감, 이전 작업에서 설계한 공간과 재료를 참조하는 것을 중요시했다. 이는 굉장히 자전적인 기억들로 알도 로시Aldo Rossi의 작업과 글을 연상시킨다. 로시는 「유추의 건축Architecture of Analogy」이라는 글에서 유추란 실제보다는 상상적이며 과거부터 존재해온 주제를 숙고하는 것이라 했다. 그는 보고 아는 것들, 즉 '기억memory'과 '관심 목록inventory'에서 골라 조합하는 디자인을 했는데, 여기서 구축된 상황은 마치 시간이 정지된 듯한 우수감을 자아내 이탈리아의 정감인 우수를 표현하기에 적절하였다.

로시의 책 『과학적인 자서전A Scientific Autobiography』 역시 유효하다. 과학적이라고 명명한 이유는 자신의 경험을 최대한 객관화하려는 노력일 뿐이다. 윌리엄스와 치엔은 로시와 거의 유사한 방법으로 건축에 접근한다. 로시는 프랑스의 소설가 마르셀 푸르스트와 종종 비교되곤 한다. 윌리엄스와 치엔은 메트로폴리탄 미술관의 페트리 코트Petrie Court에서 미술관의 응접실을 생각해내고, 코니 아일랜드의 덱deck 길에서 해체된 나무를 가져와 칠레의 한 교회에서 본 헤링본 패턴의 마루 모양으로 외부의 덱과 같은 마루 공간을 만들어 공공성을 구현하려 하였다. 조경에서는 덴마크 루이지애나 미술관의 건물과 조경의 조화를 모방하여 리처드 하그가 설계한 블로델 리저브Bloedel Reserve와 같은 연못을 조경가 로리 올린이 미술관 건물 앞에 수공간으로 형상화하였다. 그들이 이전에 설계한 버클리 대학의 아시아 문화 도서관에 도입한 간접광의 천장을 응접실에 더 발전된 단면으로 적용하였다. 윌리엄스와 치엔은 기억과 관심 목록의 지속적인 반복과 개선을 창조적으로 또 고집스럽게 적용한다.

윌리엄스와 치엔에게 반스 재단이 주문한 설계 조건은 메리온 주택의 전시실 평면을 바꾸지 않는 것이었다. 설계에서는 양쪽에 광정光井과 정원을, 리빙룸은 전시실과 평행하게 거대한 규모로 배치하였다. 리빙룸은 전실 및 기금 마련 파티를 위한 공간으로 쓰인다. 이 공간은 안팎으로 연결되어 다양한 행사가 가능하다. 반스 박사의 은밀한 사적 공간과 반스 재단이 마련한 공적 공간의 대조는 극과 극을 이룬다.

현대건축에서 공적인 공간은 점점 더 늘어나지만 그 성격은 불확정적이며 때로는 예비적이다. 앞으로의 행사를 위해 비워놓는 것이다. 건축가들의 기억과 관심, 그리고 유형이 구현된 창조적인 공공 공간은 우리 사회에도 필요하다. 창조적인 공공 공간을 만들기 위해 건축가가 집요하게 탐구한 개성적인 디테일과 반복되고 개선된 유형이 적용될 수 있다면, 시민들의 이용이 더 용이해져 의미 충만한 공공 공간이 될 것이다.

01 02

01 반스 미술관의 living room
02 반스 미술관의 the light court

예술과 건축의 창조적 공존 방식

광장시장 구 상업은행 건물과 벽화
조건영, 오윤/오경환/윤광주

건축과 예술품의 공생은 어떻게 도시의 감정을 만들어갈까? 처음부터 계획된 건물과 거리에 놓인 예술품의 관계는 다분히 형식적으로 유지돼왔다. 문화예술진흥법에 따라 주차장 등 일부 시설을 제외한 총면적 1만 제곱미터 이상의 건축물을 지을 때는 건축 비용의 일정 비율에 해당하는 금액을 들여 법적으로 '건축물 미술 작품'이라 불리는 공공 미술 작품을 설치해야 한다.

작품이 설치될 때에는 미술, 건축, 디자인, 환경 등 다양한 분야의 전문가로 구성된 심의 위원회에서 미술품의 안전성, 예술성, 건축물 및 환경과의 조화 등의 항목에 따라 심의를 거친다. 그러나 그리 인상적이지 않은 미술 작품이 설치돼 도시 미관에 그다지 도움을 주지 못하는 경우가 많다. 최근에는 팝아트의 영향으로 미술관에 있을 것 같은 좋은 작품도 놓이지만, 진중하고 세련되며 우리의 성정에 맞는 따뜻한 예술과 건축의 조화는 쉽게 찾아보기 어렵다. 강남역의 싸이 말춤 동상이나 한강에 전시된 영화 <괴물>의 조각은 입방아에 오르내리기도 하였다.

종로 광장시장 서쪽 출입구의 북쪽에는 우리은행구 상업은행 건물이 종로 4가 사거리에 면해 있다. 1974년에 지어진 2층 규모의 이 건물은 원래 10층으로 증축할 요량으로 구조가 튼튼히 계획되었다. 은행의 1층은 도로보다 1미터 정도 높이 위치해 있고, 사거리를 마주 보는 벽에는 민중 판화가 오윤과 그의 친구인 오경환, 윤광주가 같이 작업한 높이 3.4미터, 가로 32미터 규모의 테

조화를 이룬 건물과 벽화

라코타 벽화가 건물 전면에 걸려 있다. 건물이 지어질 때 함께
제작된 작품인데, 건물 외관은 시간의 흔적을 숨기지 못하고 많
이 변화돼 있다.

원래 은행 입구는 건물 남쪽의 입체적인 삼각형의 예리한 캐노
피 아래에 있었다. 입구로 들어서면 큰 원통 두 개로 이루어진
매스 안에 나선형 계단이 S자를 그리며 1층에서 2층으로 이어
진다. 이 건물은 기하학적인 건축 언어로 건축 설계를 한 젊은
건축가 조건영의 초기작으로 당시 그의 나이는 26세였다. 사람
들이 많이 사용하는 출입구는 예리한 삼각형, 계단은 나선형, 은
행 업무 공간은 네모난 형태로 기하학적 모양을 다 적용해, 건물
또한 순수한 형태로 만들었다.

지금은 오윤의 테라코타 벽화가 더 많이 회자되지만, 건축가 조
건영이 거리를 바라보는 벽화를 조성하는 안을 제시하고 건축
과 예술의 접목을 유도하지 않았다면 벽화는 존재하지 않았을
것이다. 조건영의 친구 아버지가 당시 상업은행 임원이어서 26
세의 신예 건축가에게 흔쾌히 설계를 의뢰했고, 조건영은 친교
하던 민중 지식인과 예술인 중 동갑내기이던 오윤과의 협의를
통해 벽화 아이디어를 낸 것이다.

민중예술의 선구자 역할을 했던 오윤 역시 당시 26세의 젊은 나
이였다. 테라코타 벽화는 선의 흐름이 명확하고 꽃잎 같은 부조

의 모양을 하고 있다. 미술 평론가 윤범모는 70년대 오윤이 서
울대 미대를 졸업하고 벽돌 공장이나 전통 가마 등지에서 흙 작
업에 몰두했고, 80년대에 선이 강한 작품의 기초가 된 스케치를
많이 남겼다고 회고한다. 민중예술에 대한 오윤의 관심은 당시
보다 50년 정도 앞서 멕시코의 디에고 리베라가 나타낸 저항적
메시지의 영향도 있었지만, 한국의 전통적 표현 양식과 당시의
정치적 상황, 그리고 광화문에 테라코타 연구소를 열기까지 했
던 그의 흙에 대한 연구에서 비롯되었다. 조건영 역시 서슬 퍼런

디에고 리베라의 프레스코화 일부

시기에 건축 사무소를 개업하고 동시에 재야의 지식인들과 교
우하며, 수주를 위해서 권력자 편에 섰던 당시 건축가들과는 다
른 행보를 이어갔다.

조건영과 오윤은 옛 동대문시장, 지금의 광장시장이 일본 자본
으로 설립된 남대문시장이나 명동과는 달리 민족자본으로 지어
진 곳이라는 사실을 알았을까? 그들은 1960~70년대에 장준하
선생을 구심점으로 움직이며 민중예술가를 규합해 1988년 한국
민족예술인총연합민예총의 설립에 이르기까지 뜻을 같이했기에
이를 모르지는 않았을 것이다.

현재 우리은행은 광장시장 상인들의 편의를 위해 은행 2층과
시장 사이에 연결 브리지가 놓여 있다. 시장 점포 사이에 있을
것 같지 않은 계단을 올라가면 은행으로 연결된 2층 쪽문이 나
오는 식이다. 광장시장 안에 있는 상인들의 은행 이용이 건물의
본래 의도와 용도에 부합하는 것이라면, 시장 밖 테라코타 벽화
앞에 자리 잡은 화훼 노점들은 건물이 의도하지 않은 부가적인
공간을 활용하는 셈이다. 사실상 벽화 앞 공간이 불법 점유되는
것이므로 종로구와 은행이 정비에 나설 수 있지만, 이 벽을 보아
온 십수 년의 시간을 돌이켜보니 쉽게 답이 나오지 않는다. 벽화
와 검정 돌로 마감된 하단은 무언가를 기대기 딱 좋게 생겼다.
만약에 요즘 지어진 건물처럼 은행 유리창이 거리에 면해 있다

면 그 앞의 공지는 주차 공간으로 활용됐겠지만, 40여 년 전에 지어진 이 벽 앞에는 마치 민중화가로서의 오윤의 전력을 알고 있다는 듯이 화훼 노점들이 자연스레 들어서 있다.

최근에 붙은 테라코타 벽화의 명패에는 "멕시코 벽화 운동의 강력한 메시지 전달력에 주목한 오윤은 건강한 흙의 생명력을 도심 속으로 옮겨 왔다"고 적혀 있다. 살구색 흙 벽화와 그것을 기하학적 대조로 돋보이게 하는 건축이 민족자본으로 설립된 종로 4가의 광장시장을 알리는 터줏대감이라 하면 무리한 칭찬일까? 공존이 불가능할 것 같은 따뜻한 벽과 군더더기 없는 기하학적 건물이 그곳에 있기에 종로 4가를 특별하게 인식하게 된다면 지나친 비약일까?

서울의 스카이라인이 높아지고 대지가 잿빛으로 변할지언정, 이 잿빛 바람과 공기에 풍화될지언정, 따뜻한 살구색 흙벽이 터줏대감처럼 이곳에 계속 있어주었으면 한다. 서울의 많고도 많은, 넓디넓은 사거리 중에 이처럼 진정으로 따뜻한 느낌을 가진 곳 하나쯤은 있어야 하지 않을까. 이름 모를 벽화에 명패를 붙여 그 의미를 알리듯이, 많은 건축가들이 그 기하학적 명쾌함이 천재적이라고 여기는 이 건물도 부디 기하학적이고 순수한 세상을 체험하는 듯한 재미를 최대한 느낄 수 있는 원형으로 유지되었으면 하는 바람이다.

chapter 3. 도시상상

상감 풍경의 구현 뮌스터 도서관

공간으로 승화한 시인의 정신 윤동주 문학관

역사를 환기하는 창조적 방식 G밸리 갤러리

느린 속도를 되찾는 시도 인프라텍처

한강에 거는 또 다른 기대 한강 인프라텍처

보행 도시로의 전환 서울로7017

역사를 꿰뚫는 상감 풍경

뮌스터 도서관
볼레스+윌슨

우리는 유럽의 도시들이 역사의 흔적을 고스란히 간직하고 있다고 부러워한다. 그러나 세계대전을 두 번이나 치르며, 유럽의 도시들도 많은 건축 유산을 잃었고 꾸준한 복원으로 예전의 모습을 되찾고 있다. 유럽이 우리나라보다 보행 친화적이며 공공 공간이 많아 보이고 건물이 수려하다는 인상을 주지만, 그들도 고급 쇼핑가, 은행가 등이 즐비한, 공공에 크게 도움이 되지 않는 단조로운 도시 풍경도 지니고 있다. 여행객의 눈에는 쉽게 보이지 않는 법이다.

겹겹의 색과 빛을 지닌 상감기법이 도시의 건물에 적용된 시각적 풍경을 상상해본다. 건물이 화려한 것이 아니라, 건물과 건물 사이의 빈 공간인 보이드가 다채롭게 연결된 시각적 풍경 말이다. 상감象嵌이란 '여러 번 새긴다'는 뜻으로 미묘하게 다른 색과 빛이 표면의 깊이를 만들어내는 기법이다. 이를 도시에 적용해보면 다양한 건축 표면이 도시 공간에 시간적 깊이를 형성하는 것이다. 고급 쇼핑가, 일상적인 가게, 역사를 자랑하는 교회, 공공 미술품과 더불어 그곳에서 각자 볼일을 보는 사람들이 함께 보이는 풍경이 상감 보이드 공간을 만들며, 이렇게 어우러진 도시 풍경은 상감청자의 시각적 깊이를 현실 세계에 구현한 것과 같다.

볼레스+윌슨Bolles+Wilson은 유럽에서 상감 풍경을 보고 싶은 것이다. 그들은 유럽 도시들의 역사주의적 태도, 즉 역사적 건축

95

형태를 차용하고 이런 건물에 비싼 임대료를 지불하고 입점해 있는 고급 쇼핑가 등을 비판하며, 보다 건강한 역사 도시의 건설을 모토로 한다. 독일의 도시 뮌스터Münster는 바로크 시대에 일어난 거리의 변화와 2차 세계대전 후 근대화로 인해, 1100년경 세워진, 도시의 중심에 위치한 람버티 교회로 향하는 방향성이 많이 흐트러진 상황이었다. 동시에 상업화가 진행되면서 진정한 역사성이 사라지고, 마치 박제된 도시처럼 변해버렸다. 이에 대응하여 윌슨은 "뮌스터의 중심 지역은 역사와 고급 쇼핑가로 꾸며진 테마파크와 같다. 우리는 도서관을 도시의 공공 영역을 되찾을 수 있는 구명보트처럼 지을 것이다"라고 밝혔다.

람버티 교회가 보이는 뮌스터 거리 풍경

윌슨은 뮌스터의 대안을 아이러니하게도 도쿄에서 찾았다. 윌슨은 도쿄에서 작은 건축이나 오브제가 익명적인 도시 공간에서 공공적 삶을 고양시키는 광경을 많이 보았으며, 복잡한 전철 등 공공 공간 안에서도 헤드폰을 끼고 책을 보며 본인만의 사적인 공간을 만들어내는 일본인의 적응력에도 놀라워하였다. 볼레스와 윌슨이 일본에서 경험한, 한 공간에서 다양한 사적 활동이 이루어지는 현상은 뮌스터 도서관에서 각종 개인 활동을 촉진시키는 디자인으로 고스란히 발전하였다.

교회 도시인 뮌스터는 793년에 세워진 수도원의 이름을 따서 불리게 되었다. 종교개혁 시기에 뮌스터는 네덜란드에서 시작한 재세례파Anabaptism에 의해 점령되었다. 그들은 기존 교의를 따르지 않고 비형식을 주장하였고 급진적인 사회 개혁을 꿈꾸었다. 1535년 독일 군주와 쾰른 주교가 일으킨 군대가 뮌스터를 수복하면서 재세례파의 수장 세 명을 람버티 교회 종탑의 철창에 매달아 처형하였다. 이 사건 이후 재세례파는 가톨릭과 개신교에서도 배척당했다. 현재 람버티 교회의 종탑에는 이 세 개의 철창이 그대로 전시되어 있다. 이곳은 당시 교회의 힘을 보여주는 장소이자 남아 있는 재세례파에겐 추모의 장소가 된다.

람버티 교회의 철창

볼레스+윌슨은 람버티 교회 제단부를 바라보는 쪽 대지에 도서관의 두 매스를 분리하면서 가운데에 길과 같은 빈 공간을 만들었다. 이는 도서관 설계 경기 참여 계획안에서 제시한 가장 중요한 설계 개념이다. '책의 길'이라 불리는 빈 공간은 정확하게 교회 쪽을 향하여 배치되었다. 책의 길은 양쪽에 두 매스를 끼고 람버티 교회를 향하고 있는 모습이 압권이다. 또 두 건물의 볼륨과 높이 차에 의해 책의 길로 낮아지는, 적절히 풍화된 구리로 만들어진 지붕 벽은 비대칭적인 모양을 가지고 긴장감을 유지하고 있다.

책의 길 동쪽 입구에 있는 조각 ‹압도적 여인Die überfrau›은 미국 조각가 톰 오터니스가 만들었으며, 그 의미는 작은 사람들에 의해 계속해서 재정의되는 사회의 변화를 은유한 것이라 했다. 그는 왼손을 든 부처와 자유의 여신상의 골조 이미지 등을 참조해 평소 그가 만든 50센티미터도 안 되는 작은 인물 조각상들과 함께 8미터 높이의 속이 빈 사람 형상 조각을 설치하였다. 스케일이 대조되면서 멀리 배경으로 보이는 교회 탑과 가까이서 발견하게 되는 작은 조각상의 묘미 또한 책의 길에 의미를 불어넣는다.

톰 오터니스의 조각 ‹압도적 여인›

상감 보이드 공간은 조각가와 건축가의 열망과 더불어 뮌스터의 역사적 시간을 관통하고 있다. 책의 길을 걷게 되면 단순히 도서관에 오는 사람도 자기 자신과 의인화된 작은 조각들이 함께 물리적 환경을 만드는 듯한 해학성과 더불어, 부처와 자유의 여신상 등 역사적으로 참고할 거리가 있는 조각의 오마주적 의미까지 곱씹게 된다.

이쯤 되면 책의 길은 단순한 길이 아니라, 현재의 시간에서 뮌스터의 과거를 보게 하고, 또한 미래를 생각하게 하는 상감 풍경을 만들어낸다. 상감 풍경은 단지 미학적 공간의 겹과 색을 보여주는 데서 그치지 않고, 건축이 제시할 수 있는 윤리적 매니페스토로서, 도시의 연극적이면서도 윤리적인 모습을 보이기도 하고 보이지 않기도 하는 공간으로 존재하고 있다.

시인의 시간을 구현한 건축

윤동주 문학관
이소진

도시상상에서는 미래뿐만 아니라 과거를 상상하는 것도 중요하다. 서울의 건축에 특징이 없다고 느낀다면 그것은 이 도시가 쌓아온 시간과 이야기를 제대로 드러내지 못했기 때문이기도 하다. 윤동주 문학관은 시인의 연고緣故와 직접 닿은 곳이 아님에도 그의 시간과 시의 의미를 잘 살려낸 공간이다. 기와나 돌담을 쌓는 식의 '만들어진 노스탤지어' 없이, 자연스럽게 흘러간 시간의 흔적을 드러내는 건축으로 공간의 여운이 길어졌다.

윤동주 문학관

노스탤지어는 언제부터 현대 지성들에게 재미 없는 단어가 되었을까? 복고와 빈티지의 추종 등 호기심을 갖는 정도에서 그치며 지적인 호기심을 일으키지 못하는 감성의 것들이다. 한 세기 전에 활동한 오스트리아의 건축가 아돌프 로스는 지역의 장인이 만든 수술 달린 구두는 모차르트도 듣지 않고 라틴어도 할 수 없는 일개 촌부의 작업이므로 자신 같은 지식인들은 그런 노스탤지어에 사로잡히면 안 된다고 했다.

지금 생각하니 제일 명쾌한 답이 아닌가 한다. 노스탤지어에 사로잡히지 말아야 하는 이유는 지식인의 작업에는 개인의 기록뿐만 아니라 사회에 의미 있는 정신의 산물을 내놓아야 하는 사명감이 필요하기 때문이다. 지식인이 인간사라는 시간의 흐름과 무관한 작업을 하는 것도 무책임하다. 새로운 실험이든 노스탤지어에 반反하는 작업이든 공간 환경의 형성에서 중요한 것은 시간의 연속성을 도시에 상상을 불어넣는 새로운 어휘로 드러내는 것이다.

1990년대의 호황과 개발 열풍에 힘입어 단시간에 지어진 근린생활시설 건물들의 짧은 시간이 담긴 건축 표면에 염증을 느낀 건축가 중 승효상은 코르텐 스틸이라는 녹슨 철로 시간성을 주장했다. 재료 그 자체에 생성과 풍화의 순간을 담고 있는 표면으로 현대 물질문명의 타락을 꾸짖는 메시지를 만들어냈다. 시간이 곧 윤리인 셈이었다. 무표정하게 칠해지지 않은 풍화된 철판이야말로 타락하지 않은 물질이었던 것이다. 다다이즘 작업에서 '일상에서 발견된 사물Found Object'이 예술에 대한 저항이었던 것처럼, 철판 한 장이 윤리의 상징이었다.

김해 봉하마을의 노무현 전前 대통령 묘소의 병풍 같은 벽에도 코르텐 스틸이 둘러쳐져 있다. 이는 소박한 저항처럼 보인다. 우리네 삶과는 다른, 풍화된 듯 보이는 철판은 부뚜막에 걸린 솥단지 같달까? 여기에는 노스탤지어와는 다른 추상적 요소가 들어가 있는 것이다.

노무현 대통령 묘소에 설치된
코르텐 스틸

이와 반대로 노스탤지어를 불러일으키기 위해서는 한옥, 돌담, 처마 등 옛 요소들을 되가져 왔다. 별 뜻 없어 보이는 전근대적 기와지붕이 이어지는 풍경의 반복이 시간성을 담보하는 수단이 되었다. 대량생산과 기계 맞춤 생산이 가능한 현대에 노스탤지어는 '그땐 그랬지' 하는 편안한 느낌을 자아낸다. 빈티지나 혼성의 시간, 멀쩡한 나무를 불에 그을려 만드는 빈티지 가구와 인테리어 코드도 이와 다르지 않다. 오래된 사진첩의 한 페이지처럼 도시에는 이런 구석도 필요하게 되었다. 현재를 잠시 잊기 위한 도구처럼, 마치 여행을 온 것처럼 현실을 피해 있는 공간이랄까. 필요하기는 하지만, 좀 더 의미 있는 공간이 되기 위해선 무엇이 필요할까? 의미 있는 논의가 필요한 시점이다.

건축가 이소진이 구현한 윤동주 문학관은 이야기가 교차하는 곳이다. 서울 성곽의 창의문 가까이 위치한 입지적 특성으로, 성

곽을 내려가다 문학관을 방문한 사람들은 방금 지나온 문학관
을 '시인의 언덕'에 올라 다시 한 번 내려다보게 된다. 문학관 근
처의 창의문은 광해군을 축출하려 한 인조반정 세력이 문을 박
차고 궁으로 진격한 길이며, 무장 공비 김신조 일당이 북에서 넘
어온 길이 훤히 보이는 곳으로 600년 서울의 역사를 목도할 수
있는 장소이다. 한편 윤동주 시인의 고향 동무와 친지 생각, 동
물, 곤충, 들풀, 꽃에 대한 애정이 남아 있는 곳이기도 하다. 시인
의 시는 일제강점기에 쓰여졌지만 그 음성은 지금도 맑게 들리
고, 현대인의 감성을 자극하는 현재성을 지니고 있다. 문학관도
시간이 지나면 시인처럼 점점 더 소박해져서 어느 시기에 지어
졌는지 알 수 없을 듯하다.

현재 이 문학관은 영화감독, 시인, 건축가, 사진작가 등 문화·예
술인들에게 윤동주의 정신을 공간으로 승화한 수작으로 여겨지
고 있다. 건축가 이소진은 1차 설계 완성 후 현장에서 발견한 저
수 가압장을 보고 대지의 이야기를 증폭할 수 있는 보석을 발견
한 것 같았다고 한다. 이후 설계는 전면 수정되었고 줄어든 예산
덕에 전시 기법 또한 건축 공간과 일체화해 설계됐다. 물탱크 바
닥에 맞추어 관람자가 진입하게 되어 있어 마치 땅에 묻힌 감옥
의 느낌을 형상화하고, 시인이 겪은 억울함과 답답함을 체험하
게 한다. 이곳은 허구의 공간이지만 그가 학생 시절 자주 올랐던
시인의 언덕에서 가까운 곳으로 고난의 의미를 되새기게 한다.

무거운 문이 닫히면 시작되는 동주의 아픈 시간과 어려운 시절에 시인의 꿈을 꾸는 무기력한 자신에 대한 참담함. 그의 언어는 공간으로 살아남아 복잡한 도심을 한 발짝 떨어져 사랑스런 눈으로 내려다보게 한다. 싸우지들 말게나, 아프지 말게나, 우리 같은 하늘을 지붕 삼아 꽃과 나무와 물과 새들과 이 도시를 청초하게 만들어야 하지 않겠나. 노스탤지어를 정신으로 승화한, 시인의 시구詩句와 닮은 이 문학관 같은 공간이 우리에겐 더 많이 필요하다.

기존의 물탱크를 활용해 시간의
흔적을 드러낸 내부 공간

22세기형 랜드마크

G밸리 갤러리
위진복

필자의 책 『랜드마크; 도시들 경쟁하다』의 부제는 '수직에서 수평으로, 랜드마크의 탄생과 진화'이다. 랜드마크가 수직에서 수평으로 진화한다는 얘기는 어찌 보면 도발적인 발상이며, 실제로 멀리서 보이는 높은 건물보다 가까이 보이는 길거리의 낮은 건물이 더욱 중요한 역할을 하고 있음을 말한 것이다. 그러나 현실에서 랜드마크는 닳고 닳은 용어가 되어 분양 광고를 도배하고 있고, 또한 랜드마크를 만들어야 하는 압박감을 느끼는 지자체에게는 영원한 숙제이기도 하다.

한국을 방문하는 외국 건축가들은 서울을 '맨해튼 인 알프스'라 일컬으며 숲이 많은 것을 강조하고, 병풍 같은 북한산과 인왕산 등에 감탄하면서도 건물은 불연속적이라 안타까워한다. 일본 건축가 구마 겐고는 서울시 신청사와 DDP 등이 정치인들이 만들어놓은 연결되지 않은 모뉴먼트 같다고 했다. 반면 서울은 산과 강 그리고 언덕이 돋보이는 지형으로, 연결된 모뉴먼트가 필요하다는 의견을 밝혔다. 최근에는 서울 시장과 서울시 총괄 건축가도 서울은 자연이 곧 랜드마크이기 때문에 높은 건물보다 서울을 둘러싼 자연의 아름다움에 주목하며, 건물이 자연과 산을 향한 시선을 가리는 일을 탐탁지 않게 본다는 이야기를 종종 한다. 도시의 진정한 가치는 높다란 랜드마크형 건물에 있는 것이 아니라, 자연에 둘러싸여 옹기종기 모여 있는 건물들 아래서 벌어지는 인간사가 더 중요하다는 것이다.

산으로 둘러싸인 서울의 야경

103

조한혜정 교수는 2016년 희망제작소와의 인터뷰에서 인류사의 발전에 대해 아래와 같이 소견을 밝힌 바 있다. "인류 초기 진화를 불과 같은 도구의 사용으로 설명하는 것은 남성 중심적 관점이에요. 인류가 협동하는 지혜로운 존재가 된 것은 힘을 모아 아기를 키워야 했기 때문입니다. 적어도 3년은 힘을 모아야 하니까, 엄마를 중심으로 불 가에 모여 앉아 의논하면서 살게 된 것이죠. 그렇게 협력하고, 소통하고, 한 장소에 정을 붙여 살게 되면서 사회가 형성된 겁니다. 그러다 농업혁명 이후에 집단 수확이 이뤄지면서 점점 남성 중심적 문명으로 가게 된 거죠."

인류사의 발전을 도구 사용보다는 서로 협력하고 소통하는 행위에서 비롯됐다고 보는 것은 건물도 소통의 장소로 여길 수 있음을 가르쳐준다. 근대사의 발전을 가져왔던 생산 방식의 혁명에 의해 부의 선택적 분배가 이루어짐에 따라 남성 중심 사회가 되고, 높고 커다란 건물들도 만들어졌다는 것이다. 도구의 문명에 의존하며 살게 된 우리는 도시의 풍경에 익숙한 유전자를 가지고 태어나기 때문에 높은 건물이 큰 의미를 가지고 있다는 사실을 의심하지 않는다. 그렇지만 저 높은 건물 위에서 무슨 일이 벌어지는지 좀 오래 살아야 어렴풋이 알게 되는 게 현실이다.

그렇다면 수차례 혁명을 거치고, 민주와 평등화가 진행되고, 국가나 지자체가 한 해 예산의 10퍼센트를 상회하는 수준의 돈을 건설 정책에 쓰는 지금, 랜드마크는 어떤 모습이어야 할까? 생산 혁명 시대가 끝없는 개발 욕구를 대변한 과도한 모습이었다면, 보다 넉넉한 예산이 쓰여 랜드마크가 미래 사회의 가치를 알려줄 수 있는 창의적인 모습으로 만들어진다면 어떨까? 한 건물이 적은 예산으로 만들어지더라도 감동을 줄 수 있겠지만, 각종 장비가 인텔리전트화되는 추세에 건물로 저예산 영화 같은 색다른 감동을 주기란 그리 쉽지 않다. 2016년 프리츠커상을 수상한 알레한드로 아라베나Alejandro Aravena는 '절반의 집Half Good

House'으로 저소득층의 주택에 새로운 개념을 부여하였다. 가난한 이들을 위한 저예산의 주택도 건축가의 개념에 따라 발전 가능성이 있는 집으로 지어질 수 있다는 창의성에 놀라며, 그 설계도를 오픈 소스로 세상에 공개한 점에 또 한 번 놀란다.

그동안 시민들을 보호해줄 것 같았던 높다란 랜드마크는 실상 현대인의 부단한 생활을 부추기는 시스템의 산실이었다면, 시민들에게 여유를 주는 공원과 너른 마당은 랜드마크가 지은 그 죄에 대한 보상이었다. 22세기의 도시 공간에서 공원이 주는 휴식보다 더 높은 만족을 느끼게 해주는 것이 22세기의 랜드마크가 할 일이다. 다시 말해 시민들이 창조적 행위를 하거나 창의적인 사물을 보고 느끼게 하는 건축적 장치가 바로 22세기의 랜드마크이다.

도시 공간에서 느낄 수 있는 미래적 가치에는 무엇이 있을까? 전 세계적으로 치열한 도시화의 경쟁에서 그동안 희생되었던 가치들이 바로 그것이다. 보다 평등한 게임, 공정한 룰, 창의적인 마인드, 그리고 도시에서 사라진 자연에 대한 그리움이 새로운 가치로 자리매김해야 한다. 도시의 어둠과 가난을 일시적으로 가려주는 이벤트적 가치가 아니라, 도시를 일상에서 진정으로 어우를 수 있는 가치를 느끼게 해주는 것이다.

서울을 살펴보자. 역사도심이 많은 서울 사대문 안은 조선 시대 이후의 역사 유적을 재정비하여 시간의 의미를 되새기는 공간이 많다. 반면 근대화 시기에 만들어진 도시 공간이 많은 사대문 밖이나 한강 이남 지역은 제조업 시설과 공공 기관, 그리고 주거 단지 개발 등으로 형성되었다. 2000년대 이후 근대화의 활황도 사라지며 유휴화된 공간이 늘어나면서 각 구청에서도 구의 역사와 공간에 관심이 많아졌다. 금천구의 공장 지대는 쇠락하여 2000년대에 벤처 단지로 바뀌었으며, 예전의 역사를 되새기고자 'G밸리 갤러리'를 지상이 아닌 지하철 역사驛舍 안에 설치하였다. 70년대 공장의 열악한 노동환경은 각종 사회문제를 낳았으며, 80년대 학생운동의 한 축이 되기도 하였다. 이 역사는 우리에게 노동자의 권리를 환기하는 역사로서 여전히 유효하다.

'G밸리 시간사전-아흔아홉'은 공공 조형물로 금천구의 길 모양을 본뜬 구조물에 그 당시의 어휘를 모아서 글과 그림으로 보여준다. 지금은 사라진 당시 금천구만의 풍경과 공돌(순)이, 밀알글방, 벌집, 비키니 옷장 등 과거의 금천구를 기억하게 하는 단어들이 지하철역 공간 한편에 자리 잡았다. 공간과 건축적 장치와 즉각적 소통을 이끄는 단어들까지 포함되어 세대를 넘어 금천구의 시간을 아로새기고 있다.

지하 연결도와 대피소, 지하철 역사 등 서울에는 많은 지하 공간이 있지만 각기 다른 목적으로 만들어져 연결은 미흡한 편이다. 반면 G밸리 갤러리는 앞으로 입체 보행로로 연결될 가능성이 있는 지하 공간을 활용하여 한 지역의 현대사를 창의적으로 전달하고 있다. 또한 독일 출신의 영화감독이자 사진작가인 닐스 클라우스가 제작한 비디오 클립과 책 등 여러 매체를 이용하여 창의적으로 소통하는 창구를 마련하였다.

지하철 역사는 관리 주체가 구청이 아닌 지하철 공사 등으로 도시 건축보다는 도시 인프라에 속하는 성격이 있기 때문에, 그 공간에 무엇을 설치하고자 할 때 협의가 필요하며 공간의 속성보다는 안전에 초점을 맞추느라 무거운 구조물을 설치하기가 쉽지 않다. 따라서 이 조형물의 경우 여러 공공 기관의 협의를 이끌어냈다는 측면에서도 높은 점수를 주고 싶다. 지자체 사업들이 좋은 취지에도 결과적으로는 각론화된 결과가 나오는 현실에서, 금천구의 사례는 성공적이라 할 수 있다.

22세기의 랜드마크는 이렇듯 일상에 대한 작지만 창조적인 역사의 환기를 통하여 한 장소의 감정과 의미를 구체화시킨다. 이를 위해서는 공공과 민간을 비롯해 건축가와 예술가와의 협력

Y2k

구로 1공단에 위치한 공장.

금천구 공장 지대의 현대사를
보여주는 G밸리 시간사전 – 아흔아홉

도 필요하며, 각론화된 영역을 넘어서서 건축과 도시 및 인프라 스트럭처의 동시적 고려가 요구된다.

인프라스트럭처에서 인프라텍처로

건축이 환경을 규정하는 창의적인 예술로 인식되는 요즘, 건축을 아우르는 도시와 공간 환경에 대한 관심도 커지고 있다. 국내 포털 사이트에도 '플레이스place' 코너가 생기는 등 변화의 움직임이 눈에 띈다. 잘 만들어진 환경에서 걷는 것은 풍요로운 경험을 제공하지만 올림픽 대로 옆 보행로를 걷는 기분은 유쾌하지 않다. 고가도로 밑이나 한강 둔치로 가는 길에 마주치는 토끼굴 역시 빨리 지나가고 싶다. 유럽에 새로 지어진 지하철 역사 공간은 건축적 창의성이 발현된 것으로, 토건 국가 스타일의 땅굴 같은 우리 지하철 역사와는 천양지차다.

건축가 르코르뷔지에는 새로운 교통수단으로 세계를 여행하면서 비행기를 타고 내려다보는 지구, 대서양을 건너는 배를 타고 바라보는 수평선, 차를 타고 재빨리 스치는 풍경 등 새로운 높이에서 경험하는 도시에 대해 경탄해 마지않았다. 현대에 들어 속도가 중요해지면서 중세도시와는 비교도 안 될 정도로 접근성이 높은 주거지가 형성되었고, 동시에 고속도로, 항만, 댐 등의 인프라스트럭처가 건설되었다. 이러한 인프라스트럭처가 새로운 도시 환경을 만들었지만 보행에 대한 고려보다는 부를 생성하기 위한 도시화라는 코드가 더 중시되었고, 속도는 지금도 도시 변화에 중요한 영향을 주고 있다. KTX, GTX, SRT 등 자기부상열차가 도시를 이으면서 새로운 역세권이 형성되었고, 도시는 지상과 끝없이 깊어지는 지하로부터 새로운 인프라를 수혈받으며 외과수술을 받은 듯 변하고 있다.

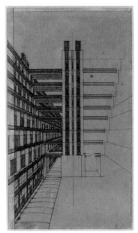

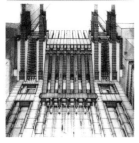

산텔리아의 건축 드로잉

1909년 이탈리아의 미래주의Futurism 운동은 시인 마리네티 Filippo Tommaso Marinetti가 프랑스 신문 《르 피가로Le Figaro》에 미래에 대한 매니페스토를 제시하면서 등장하였다. 산업혁명과 20세기 초 계몽과 합리적 정신이 물질문명에서 불협화음을 야기한 현실에 대한 비판에서 비롯된 이 운동은, 근대화에 대한 당대의 가치를 실현하기 위해 젊음, 산업, 기계문명, 속도 등의 요소를 순수하게 추구하고자 했다. 다소 급진적인 순수성은 정치 성향에서도 나타나 파시즘이나 국가사회주의를 옹호하던 미래주의의 회원들은 1차 세계대전에서 대부분 전사하고 말았다.

그들의 정치 코드보다 건축적으로 흥미로운 점은 산텔리아 Antonio Sant'Elia의 드로잉에 묘사된 새로운 인프라스트럭처에 대한 건축 디자인이다. 발전소, 기차역, 고층 빌딩 등이 그려졌으며, 이는 신대륙 미국에서 더 크게 지어진 공장과 철도 역사 등을 반영한 것이기도 하다. 그러나 후버 댐, 하이라인 화물 열차길, 현수교 같은 인프라스트럭처는 미국에서도 기존의 자연, 도시 환경과는 전혀 다른 미학적 느낌을 가져왔다. 이 장소들은 긴장감 때문에 한가로이 담소를 나눌 기분이 들지 않는 곳들로서, 그 느낌은 아름답다기보다 기계 미학의 숭고미崇高美에 가까운 것이었다.

대도시에서 도시 인프라와 큰 주거 단지가 만들어지는 현상에 대한 비판은 제인 제이콥스Jane Jacobs의 저작 『미국 대도시의 죽음과 삶』에서 잘 드러난다. 그녀가 강조한 작은 동네와 오래된 건물, 사람들이 오가는 골목은 뉴욕 시의 인프라스트럭처를 만든 도시계획가 로버트 모지스Robert Moses가 만든 브롱크스 고속도로나 남맨해튼 고속도로 등 도시 분리 현상과 젠트리피케이션을 가속화한 시설들과 대비된다. 2차 세계대전 이후 뉴욕시가 탈바꿈할 때부터 인프라스트럭처는 호감 가지 않고, 위압적인 시설들을 양산해왔다. 인프라스트럭처에 따라 건축은 땅

따먹기식으로 잘린 땅을 점유할 수밖에 없는 구조를 만들어서 한때 '네모난 세상'이라는 비관적 분위기를 만들 정도였다. 제이콥스는 모지스가 마스터플랜을 짠 고속도로와 큰 건물이 건설되면서 도시와 단절된 마을을 목도하고 슬럼이 된 지역을 몸소 체험하게 된다.

그녀는 건축 학교에서 특강을 하고 대도시의 문제점에 대해 글을 쓰며 본격적으로 건축가와 도시계획가 들에게 영향을 주게 된다. 마스터플랜과 인프라스트럭처는 지양해야 할 것으로 취급되고 보행 거리 내에서 마을을 즐기며 대중교통을 이용하는 생활 방식이 대안으로 추천되었다. 그러나 루이스 칸과 같은 건축가들은 보다 인간적인 도시를 위해 일방통행로와 주차타워 등의 대안을 만들며, 인프라스트럭처의 영향을 최소화하려 노력하였다.

정반대의 진영을 대표하는 제인 제이콥스와 로버트 모지스

스피드라는 명목 아래 만들어진 인프라스트럭처를 중심으로 형성된 마을과 일터에서 생활하는 사람들의 일상을 회복시키기는 쉽지 않다. 그렇다고 속도를 포기할 수도 없는 현대에 인프라를 탓할 수도 없다. 면밀한 시뮬레이션에 따라 철거된 고가도로들은 속도에 큰 영향을 주지 않았기 때문에 철거가 가능하였다. 인프라는 우리를 순식간에 A에서 B 지점으로 옮겨놓으며 핸드폰의 화면을 탐닉하게 할 만큼 매혹적이다.

렘 콜하스는 "인프라스트럭처가 건축보다 더 중요하다"고 주장하며 도시와 자연의 삶의 기저에 알게 모르게 존재하는 환경적 변화를 개개의 건축물보다 더 중시했다. 그렇지만 전 세계를 도시화한 결과 우리를 A에서 B, B에서 C 지점 등으로 연속적으로 끝없이 옮겨주는 인프라스트럭처가 이어진 정크 스페이스 Junkspace만 넘쳐나고 있다는 강한 경고의 메시지도 전했다. 정크 스페이스는 우리가 만들어낸 공간을 편리하게 이용할 수 있게 하는 시스템인 에스컬레이터, 에어컨 등이 끊임없이 연속된 도시 공간으로, 그 안에서 우리는 방향을 잃고 마트, 영화관, 푸드코트, 커피숍이 있는 거대한 역세권의 인프라 공간에서 주말을 때우게 된다. 역이라는 인프라는 있지만 공간은 무의미한 정크 스페이스인 셈이다.

이에 앞서 건축학자 케네스 프램튼 역시 거대 형태Megaform라는 개념을 제시하며 20세기 말에 등장하는 거대한 건축물을 규명하였다. 거대 형태는 역과 같은 인프라를 포함하여 큰 구역의 건물 중 건축적으로 창의적인 모습을 지닌 것을 일컫는다. 렘 콜하스의 사회적 인식과 더불어 프램튼의 형태적 인식은 눈에 보이지 않는 지배 시스템과 자본, 그리고 대규모 개발을 가능케 한 법규 탄생의 결과이다. 인프라스트럭처나 거대 형태는 19세기가 만든 올망졸망한 도시의 느린 속도를 빠르게 바꾸어놓았지만 그 안의 시스템을 돈을 내고 자유롭게 이용하지 못하는 사람에게는 동경의 대상이며 또한 무기력한 기분을 자아낼 뿐이다.

반면 인프라텍처Infratecture는 역이나 기찻길과 같은 인프라가 있는 곳일지라도 건축적으로 인프라의 비인간적 거대 스케일의 생경함이 무마된 곳으로, 속도보다는 보행을 부각하는 장소를 만들어낸다. 결과적으로 인프라스트럭처, 거대 형태, 또는 정크 스페이스가 속도를 단축시켜 사람들로 하여금 캡슐화된 시간을 보내게 하는 것을 탈피하게 하는 것이다. 20세기 초 화물

시민의 공간으로 탈바꿈한 하이라인

112

서울역 고가도로에서 변신한 서울로

의 신속한 배송을 위해 건설된 고가철도에 빼앗긴 도시 공간은, 그 수명이 다한 후 시민들에게 도심 공원인 하이라인으로 선보이며 새로운 보행의 레벨을 경험케 했다. 영국의 킹스크로스 역 근처에 눈에 띄지 않던 열차 기지는 한곳으로 정리되고, 그 자리에 사무실, 학교 등이 입주해 공공 공간과 자연이 어우러져 사람들이 많이 모이는 곳이 되었다. 일본과 홍콩의 철도 역세권은 입체 도시로 발전하여 보행은 찻길 위에서 이루어지며 도시는 찻길 위로 연결된다.

이렇게 기존의 인프라를 공간적으로 변모시키며 느린 속도를 되찾는 것이 인프라텍처라 할 수 있다. 찻길이 사람이 다니는 길이 되고, 도시의 버려진 시설이 새로운 공공 공간이 된다. 최근 지가가 급등한 로스앤젤레스의 SCI-Arc 건축 대학이 있는 기찻길 옆에도 400미터 길이의 아파트가 생기면서 버려진 공간에 새로운 주거 공동체가 형성되기도 했다.

서울에서는 강북에 길게 뻗어 있는 세운상가의 보행로를 재연결하는 작업이 거대 형태로 남은 지금의 세운상가군을 인프라텍처화하는 것이고, 한강에 제안 가능한 여러 보행교도 보행 공간과 다양한 프로그램으로 한강 둔치와 다리를 연결하여 한강을 건너는 속도를 줄이고자 하는 것이다. 모두가 빠른 속도가 주는 긴장감을 즐기지는 않는다. 발전의 굴레에서 한 발 떨어져 우

113

리가 가진 인프라스트럭처가 보다 인간적인 인프라텍처로 변모하는 과정을 참을성 있게 지켜보는 것도 도시를 사랑하는 한 방법이 아닐까.

한강 인프라텍처 상상

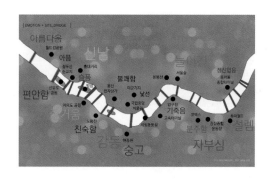

지금의 한강은 10년 전의 한강과는 전혀 다른 공간과 활동을 제공하고 있다. 둔치에 잘 만들어진 보행로와 자전거 도로는 끝없이 연결되어 있고, 여름마다 둔치에서는 사람들의 이목을 끄는 행사들이 열리며, 가을에는 불꽃축제가 개최된다. 해가 갈수록 사람들의 활동은 다양해지고 수상 레포츠나 둔치에서의 활동 또한 다변화되고 있다. 서울시는 2030 도시기본계획에서 한강변을 여섯 개 권역으로 나누어 활성화할 계획을 밝혔다.

그럼에도 한강은 여름철 홍수 한 번이면 둔치가 잠겨 각종 시설물이 손상되며, 불꽃축제의 인파로 식재돼 있던 식물들이 밟혀 죽는 수난을 당한다. 한강 물은 물대로, 섬은 섬대로, 다리는 다리대로, 둔치는 둔치대로, 공원은 공원대로, 강변의 도로는 도로대로 각각의 논리대로 존재하여 한강 근처에 모여 있는 형국이다. 4대강 사업에서 그나마 성공적인 부분은 자전거길을 놓은 것이 아닌가 싶다. 한강을 자전거로 다녀보면 교외의 한강은 둔치와 다리로 느슨하게 연결되어 있지만, 도심의 한강으로 들어오면 다양한 장치들이 눈에 들어온다.

동쪽에서부터 살펴보면 광진교는 찻길 옆에 보행교가 만들어져

뚝섬 전망문화콤플렉스

세빛섬

서 걸을 때 소음을 피하기 어렵다. 한강을 건너는 보행교로서의 가능성은 열었지만 갈 길이 멀다는 인상도 동시에 준다. 뚝섬 유원지는 다양한 활동과 레크리에이션 시설로 이루어져 있으며, 고가도로 아래에 있는 뚝섬 전망문화콤플렉스는 지하철역과 연계되어 고가도로 하부 공간을 이용한 전망대 및 전시 시설로 꽤 활용도가 높은 편이다. 반포대교 밑의 잠수교는 예전의 빈번했던 자동차 통행을 줄이고 둔치로 접근하게 해서 자전거와 보행 통행이 강남북을 통해 이루어지는 곳이다. 말 많았던 세빛섬은 점점 그 정체성이 뚜렷해지고 있다. 노들섬도 예전에 추진되었던 예술섬이 아닌 음악 중심 복합문화기지로 탄생할 예정이다. 거창한 오페라극장과 콘서트홀이 아닌 축제의 장과 같은 민주적 시설이 만들어지고 있다.

수도 시설을 재활용한 선유도 공원은 유일하게 보행교로 연결되어 있는 재생 공원이며 밤섬은 사람이 들어가지 못하는 람사르 습지로, 2020년 개관을 목표로 건설 중인 당인리 문화창작발전소 쪽에서 전망대도 만들어질 예정이다. 양화 한강공원은 여름에 한강이 범람하면 둔치가 잠기면서 쌓이는 퇴적물을 청소해야 하는 등 유지·관리가 어려운 점에 착안하여, 친환경적으로 강변을 만들며 침수가 되고 나서도 물과 진흙이 쉽게 빠지도록 머드 인프라스트럭처Mud-Infrastructure라는 이름의 길을 디자인했다. 눈에 부담을 주는 환경 조형물이 있는 공원이 아닌, 유선형의 둔덕이나 길 모두 배수를 돕는 기계처럼 은밀히 작용하는 것이다. 이 공간은 새로 조성되었지만 그 작동 원리는 자연의 것을 모방한 것이다.

한강은 수질도 좋지 않고 홍수 때문에 주변 인프라도 매해 유지·관리해야 하지만, 서울 한복판을 흐르는 한강은 서울의 도시적 발전과 더불어 변화하는 곳으로 도시 공간을 개선하기 위해 끊임없이 상상되어야 하는 공간임은 누구도 부정할 수 없다.

서울 속 한강은 중심적, 역사적, 그리고 정신적 장소로 기억된다. 그러나 세계 대도시들의 강과 달리 폭이 넓은 한강은 강북과 강남을 아우르는 일체감을 주지 못한다. 강을 따라 자전거길이 동서 방향으로는 연결되었지만, 도심을 남북으로 흐르며 인프라스트럭처 주변으로 퍼지는 공간을 마련하지는 못했다. 둔치에 가려면 굳이 뱅뱅 돌아가야 한다. 이것은 인프라가 단절된 상황에 의한 것으로, 한강의 다양한 시설을 엮어줄 수 있는 구조체가 필요해 보인다.

자벌레 형태의 뚝섬 전망문화콤플렉스가 고가도로 하부에서 지하철역과 연결되는 구조로 건축과 인프라가 결합된 형태라면, 한강의 경우에도 남북으로 잇는 구조가 처음부터 건축과 인프라가 결합된 형태라면 보다 인간적인 느낌으로 한강을 경험할 수 있을 것이다. 인프라스트럭처가 아닌 건축Architecture과 인프라Infra가 합쳐진 인프라텍처Infratecture를 생각하는 방식으로 상상이 가능하다. 강의 주변을 결정하는 인프라와 강의 주변에 놓일 건축이 일체화되어 도시와 자연의 경험과 상상을 극대화하는 것이다.

2014년 서울시 주최로 시작된 '한강건축상상전'은 한강 주위 유휴 공간의 활용에 대한 탐구1회, 한강이 만드는 감정과 그것을 증폭하는 장소에 대한 탐구2회에 이어, 2016년에는 한강의 인프라텍처 상상에 대하여 탐구하였다3회. 시민들의 참여로 이루어지는 상상전이니만큼 전문가와 본인들이 바라는 한강 주변의 인프라와 건축의 모습을 제안하는 방식이다. 전시에서 발표된 다양한 인프라텍처 중 4.5미터의 육각 결정 형태의 모듈로 만들어진 보행교에는 구석구석 개인들이 즐길 수 있는 공간들로 가득하다. 기울어진 구조의 마포대교 교각들은 둔치 위로 이어져 새로운 공간을 만드는 틀이 될 수도 있다. 한강에 새로 건설될 아치교에는 트램으로 올라가 높은 곳에서 한강을 바라볼 수도

한강건축상상전에 전시된 다양한
제안 모형

있다. 실제로 최근 영국 건축가 토머스 헤더윅이 런던의 가든 브리지와 뉴욕의 피어55 등 녹음이 우거진 수상 구조물을 제안하였고 현재 공사 중이기도 하다. 벽면 녹화綠化가 가능한 모듈로 녹색 다리를 만들 수도 있으리라.

한강에서 도심에 설치되는 것과 같은 복잡하고 교묘한 인프라텍처를 기대할 수는 없다. 그러나 주변의 인프라와 물에 접하여 지금보다 더 직접적으로 관계하는 장치나 구조가 필요하다. 지금의 여의도 한강공원도 잘 이용되고 있지만, 한강의 관광화를 위해 여의도에 여의나루 등 새로운 시설이 더 추가될 예정이다. 난지도 앞 둔치에 예전에 설치하지 못한 수상 레포츠 센터도 추진 중이다. 그렇지만 시설 위주의 관점과 더불어 기존의 인프라를 최대한 활용하고 건축적 접근과 접목하여, 시민들에게 주어진 자연 환경과 인프라의 공간 환경이 어우러지는 인프라텍처를 보여줄 수 있는 창의성이 요구된다.

자연인 듯 아닌 듯

서울로 7017
비니 마스

2017년 5월 개장한 서울로

박원순 서울 시장이 추진한 서울로는 기존의 고가도로를 보수하여 만든 보행로다. 기존의 찻길이 없어진 후 운전 시 확실히 차가 막힌다는 느낌을 받는데 남대문에서 만리동으로 가는 구간은 특히 복잡하다. 이러한 불편함에도 보행로가 조성되면서 고가도로 양 끝인 남대문과 만리동 주변에는 다양한 상점과 편의 시설, 예술품 들이 들어서면서 활력을 더하고 있다. 속도를 줄여야 도시 구석구석이 더 잘 보이는 것이 사실이다.

도시의 역사도심 지역에서 자동차를 몰아내고 보행로를 만드는 것은 도시가 먼저 발달한 유럽에서 시작되었다. 서울도 600년 된 도시로서 시민들의 보행권을 향상시키기 위해 사대문 안의 역사도심을 보행 도시로 만드는 계획이 진행 중이다. 광화문 광장, 서울광장, 세운상가 공중 보행로, 을지로 지하보도, 인사동 길, 청계천 등 차 없는 공간이 점점 더 늘어나고 있다. 그러나 우리네 역사도심에는 유럽과는 달리 근현대 건물이 더 많이 들어서 있기 때문에 사대문 안 역사도심이 차 없는 보행 도시가 되는 것은 불가능하다. 차는 없애야 하지만 근대에 만들어진 도심은 차에 의존하고 있어 진퇴양난이지만, 도시의 속도를 줄이는 보행로의 형성과 도시 경제 인프라의 경쟁력 사이에서의 고민은 불가피할 듯하다.

박 시장이 벤치마킹한 뉴욕의 하이라인을 성공으로 이끈 시민들은 "(공공 프로젝트는) 성공의 공功을 많은 사람들에게 넘겨줄수록 성공 가도를 걷게 된다"고 하였다. 서울로 프로젝트는 그 반대로 지명 설계에서 선정된 건축가 한 명에게 집중되는 현상에 의해 전혀 다른 평가를 받고 있기도 하지만, 방문자 수를 보면 사람들의 눈요깃거리로는 성공적인 듯하다.

서울역 고가도로를 보행로인 서울로로 바꾼 지 얼마 되지 않지만, 이미 콘크리트 화단이 빼곡하게 차서 오히려 이것들을 걷어내는 재생 작업을 해야 할지도 모른다. 콘크리트 화분을 걷어내고 시민들의 자연스러운 활동이 유도되는 장소가 될 수 있도록 하면 어떨까.

낮에는 식물, 밤에는 야간 조명으로 꾸며진 서울로가 24시간 연중무휴로 운영되는 점은 사람들이 걸으면서 자유로운 선택을 하기 힘들게 한다. 설계자 비니 마스Winy Mass도 자신이 만족하는 부분을 만리동으로 내려가는 세 갈림길 중 선택이 가능한 지점이라 말했듯이, 사람들에게 어디로 갈까 하고 각자 생각할 자유를 주는 장소가 인간적이다. 하나의 길로밖에 갈 수 없다면, 환경에 구애받지 않고 도로 위라는 것을 느끼지 못한 채 상념에 잠기게 하는 곳이 더 필요하다. 이처럼 여유를 주고, 스스로 무

24시간 불이 꺼지지 않는 서울로

관심의 대상이 되는 건조建造 환경이 부지불식간에 우리의 일상에 기여하는 것이다.

사람과 자연도 시간에 따라 활동과 쉼을 반복하듯이, 자연의 순환에 따라 성숙해가는 서울로를 기대해볼 수 있을까? 이곳은 건물도, 공원도, 길도 아니어서 생경하지만 그 생경함 때문에 색다른 창조적 분위기가 형성될지도 모른다. 자연스러움을 얻지 못한다면 자칫 서울로는 근대의 서울이 야기한 개발의 속도전을 극복하는 대안책이 되지 못하고, 현대의 보행 강박관념이 만든 대체된 욕망의 상징으로 전락할지 모른다.

chapter 4. 시간

21세기 초의 복고 맹신

시간의 DNA 마르크트할, 1913 송정역 시장

헛간의 재탄생 발란싱 반, 글라스 팜

가정법적 시간 홍콩 아시아문화센터

과거를 상상하는 방법 아크로폴리스 박물관

시간의 모자이크 홍현

단절된 시공 연결체 서울공예박물관

2000년의 시공으로 저항 아파트 집, 문정도서관

21세기 초의 복고 맹신

건축에서 복고의 움직임은 끊임없이 일어났다. 서양 건축사의 흐름에서 보더라도 로마의 전성기에는 그리스의 기둥이, 르네상스 시대에는 그리스와 고대 로마의 스타일이, 프랑스 계몽주의의 물결에서도 그리스와 로마의 고전적 양식이 차용되었다. 19세기 산업혁명 후 양성된 철강 산업을 기반으로 건축 구조가 급진적으로 발전할 당시, 프랑스 건축가 비올레 르 뒤크Viollet le Duc는 그 스스로 복고와 혁신의 두 갈래 건축 작업을 하고 있었다.

비올레 르 뒤크는 1830년경 프랑스에서 유행한 고딕건축의 복고적 경향에 맞추어 여러 복원 프로젝트에 참여하였다. 대표 작품으로는 파리의 노트르담 대성당, 몽생미셸 등이 있다. 그는 당시 영국의 산업화에 반대하며 고딕건축의 모든 면, 특히 '형제애brotherhood'에 의해 협동적으로 돌을 쌓아가는 모습에 반했던 존 러스킨John Ruskin의 영향을 충분히 받았다. 그러나 복원 방법에 있어 존 러스킨과 비올레 르 뒤크는 대조적이었다. 러스킨은 원안 복원에 힘쓴 반면, 르 뒤크는 창조적 복원, 즉 상상에 의한 복원도 불사하지 않았다. 창조적 복원 작업은 이후 철강 산업의 발전에서 나온 철 구조를 적극적으로 이용한 계획안에서도 드러난다.

사실 이 부분은 현재까지 논쟁적인 이슈이며 복원을 쉽게 결정하지 못하는 이유가 되기도 한다. 필자가 대학에서 공부하던 1990년대 초에도 '한국성'에 대한 논의는 전통건축의 계승 방법

파리 노트르담 대성당

몽생미셸

에 대한 것이었다. 기와지붕이나 돌담 등에 반해 목구조 및 지붕은 본격적으로 적용하기에 왠지 낮간지러운 시점이었다. 1990년대는 호황의 기운에 도심 한옥을 철거하고 재빨리 근린생활시설이나 다세대주택을 짓는 분위기였으나, 1993년에 지어진 수졸당은 주변 건물과는 달리 용적이 작은 특별한 주택이었다. 호황의 분위기를 타기보다는 문향文香을 지닌 사람으로서의 자존심을 지키는 데 힘쓴 결과였다. 남자 집주인이 마치 그 옛날의 양반집처럼 골목에 면한 사랑방에서 친구들을 부담 없이 맞이할 수 있는 구조였다.

이로재 제공, 사진작가 Osamu Murai

수졸당

그러나 90년대의 대세는 한옥 지역에 살더라도 한옥을 부수고 5층 정도의 건물을 땅이 허락하는 용적에 딱 맞게 짓는 것이어서, 북촌에도 한옥이 많이 허물어지고 근린생활시설 건물로 채워지게 되었다. 또한 IMF 체제는 지역 경제의 파탄과 더불어 그동안의 개발과 투자에 대한 맹신을 재고하게 하였다. 개발의 이면에 있었던 동네의 가치, 역사에 대한 관심 등으로 인해 '북촌 가꾸기'가 시작되었고, 몇 년 이후 관광이라는 코드와 맞물려 현재 북촌은 다양한 이유에 의해 유지되고 있다.

서울의 기존 역사도심지구인 종로구의 인사동, 가회동 등의 건축 디자인 가이드라인은 처음 시행되었을 때 비교적 통일된 모습을 만드는 데 일조하였으나, 시간이 흐르면서 새로운 건축적 창조를 막는 걸림돌이 되었다. 그 이유는 입면의 가이드라인이 옛것을 새롭게 번안해내는 건축적 상상을 막기 때문이다. 새롭게 설정되는 역사도심지구인 장충동 등 사대문 안의 구역에서는 다른 창조적 대안이 나왔으면 한다.

실제로 한 지역이 젠트리피케이션을 겪는 모습이 흡사 천편일률적인 디자인 가이드라인이 적용된 것 같은 분위기가 나기도 한다. 디즈니월드의 에프콧Epcot은 '세계의 마을'이라는 콘셉트로 테마화된 거리의 원형이다. 그러나 중국처럼 인산인해인 곳

에프콧의 영국 거리

에서도 특화 거리는 망할 수 있다. 실제로 닝보 시의 와이탄 거리는 개점 휴업 상태이다. 해외 문물이 들어왔던 와이탄 거리의 과거를 박제하듯 복고적으로 재구성하며 다양한 해외 음식점을 유치했지만 외국인들의 왕래가 뜸해지면서 자국민들의 흥미도 자극하지 못하게 되었다.

와이탄 거리

2016년 필라델피아에서 열린 미국 건축사 연례 회의AIA Convention에서 렘 콜하스는 최초로 건축적 보존에 대하여 언급하였다. 보존에 관계된 설계 프로젝트는 이전 문화와 정신세계에 새로운 차원을 더하는 것이고, 그동안 추구해온 세계화에 대해 재고해 볼 수 있는 기회를 준다 하였다. 또한 유럽에 국한해서 보더라도 국제적으로 난민이 증가하는 시대에 건축의 사회적 책임도 중요하며, 스타 건축가보다는 사회에 새로운 생각의 기반platform을 전파할 수 있는 건축가의 출현을 기대한다고 했다. 요약하자면 세계화와는 다른 지역적 보존을 통해 사회적 이슈에 관심을 가져달라는 주문이었다.

보존 그 자체보다는 한 차원 위의 기반에서 실현할 수 있는 변화에는 어떤 것이 있을까? 최근에 이슈가 된 광주 1913 송정역 시장과 평창 봉평시장의 경우는 젊은이들의 창업, 대기업의 중소기업 살리기 운동, 야시장의 유행 등으로 많은 이들이 찾고 있다. 반면 지역 자생적인 콘텐츠와 결합되지 않은 야시장들은 운영 시간이 점점 줄고 있다.

M50

건축적 보존과 변형을 통해 순식간에 형성되는 먹거리 문화의 배경을 만들기보다는 눈에 띄지 않더라도 젊은이들의 창업이나 혁신이 일어나는 커뮤니티를 만들 수 있을까? 코펜하겐의 운하를 돌아다녀 보면 목조 창고나 오래된 건물 안에 업무 공간이 조성된 곳을 볼 수 있다. 상하이 예술가들의 아지트인 M50은 여행객의 명소인 티엔즈팡과 달리 조용하다. M50은 예술가들의 인큐베이터로 그 문화적 힘은 관광에 초점을 맞춘 티엔즈팡과 천

티엔즈팡

양지차다. '어디가 뜬다'는 말은 복고에 대한 맹신과 동격이 아닌가 싶다. 시각적 안도감과 장관을 바라는 마음, 눈과 입이 즐겁고자 하는 본능, 다시 말하자면 복고 맹신과 맛집 탐방은 정신적 지형 형성과 지적 창조력의 향상을 목적으로 하는 것으로 수정되어야 할 것이다.

시장 DNA가 살아 숨 쉬는 공간

마르크트할, 1913 송정역 시장
MVRDV

나는 한국인의 가능성과 생명력을 남대문시장, 동대문시장에서 찾는다. (…) 남대문과 동대문시장은 아랍권 시장 기능의 원형인 바자bazaar의 변형이다. 바자는 페르시아와 아프리카의 카사블랑카에서 시작되어 터키의 이스탄불과 이스라엘의 예루살렘을 거쳐 중앙아시아와 중국의 신장 위구르, 그리고 한국의 동대문, 남대문시장을 거쳐 다시 중국 대륙의 시장으로 연결된다. 까마득한 세계 경제의 동맥을, 독재도 못 건드리고 독점 기업도 건드리지 못하는 양대 시장의 기능을 우리가 갖고 있었던 것이다.
- 백남준, «동아일보», 1999년 4월 16일

1894년 갑오개혁에서 국가가 공인한 시장이었던 육의전의 금난전권이 전면 폐지된 것은 청, 일 등의 상인들이 많아지면서 일어난 현상이다. 1905년에 일제가 시행한 화폐 정리 사업으로 인해 이현시장의 상인들이 피해를 입게 되자, 상인들은 자본을 모아 광장주식회사를 설립하고 동대문시장을 만들었다. 민족자본으로 설립된 동대문시장은 일본 상인 등이 투자했던 남대문시장에 비해 한국인의 시장이라는 자부심이 있었다. 이처럼 동대문시장은 18세기 때부터 시전을 상대하는 민간 시장으로 이현시장의 전통을 이어온 것이다. 이후 동대문시장은 일제강점기에 백화점과 같은 신식 상점이 늘어나면서 일본 자본과 민족자본의 갈등 아래 서민이 주 고객인 시장으로 자리매김하게 되었다.

시간이 흘러 종로 예지동에 위치한 동대문시장은 현재 광장시장이 되었고, 동대문 쪽에는 동대문종합시장이 형성되었다. 광장시장부터 방산시장, 평화시장, 광장시장, 동대문종합시장에 이르기까지 이 시장들은 근대화로 인해 새로운 도로 체계로 나뉘면서 현재 각기 다른 수요자층을 형성하게 되었다. 백남준이 통칭하여 언급한 동대문과 남대문시장은 기반이 된 자본의 성격이 달랐고, 그는 그저 시장의 북적거림을 현상적으로만 보았을 뿐이다. 그렇지만 그의 눈에 비친 시장의 생기발랄함은 신식 상점과는 다른 전통 시장의 건축 유형이 보여주는 사람 사는 모습이었다. 이상의 「날개」 중 "내가 미쓰코시 옥상에 있는 것을 깨달았을 때는 거의 대낮이었다"는 구절에서 미쓰코시 백화점은 일본의 대자본이 조선의 중소 자본을 누르고 새롭게 형성된, 소위 신식 문물로 묘사된 것이다. 이에 비하면 독재와 독점이 건드리지 못하는 재래시장에 대한 백남준의 예찬은 보다 순수하며 구체적이다.

재래시장은 누가 뭐래도 대형화, 시스템화되지 않은 모습에 그 매력이 있다. 자본주의 사회에서는 보다 싼 것을 찾는 것이 인간의 심리이지만, 재래시장의 에누리는 싼 것만을 찾는 것과 의미가 다르다. 대형 마트는 도매와 다매로 에누리를 만들어 인간미가 없는 투명한 정찰제로 거래되지만, 재래시장은 여러 상황을 고려한 주인의 편견으로 책정되는 불투명한 에누리로 움직인다. 그것은 바로 보행자 스케일의 문화생활권 내에서 통용되는 코드와 편견이다.

대형 마트의 일요일 영업 제한에 반발한 여섯 개 대형 마트의 소송에서는 판매 도우미가 있다고 해서 그 성격이 대형 마트가 아닌 재래시장과 같은 것으로 인정되었고, 이에 따라 해당 지자체에서는 대형 마트의 일요일 영업이 허용된다는 판결이 나왔다. 대형과 소형 업체의 차이를 물건 판매를 도와주는 사람이 있는

01 02

01 성남 현대시장
02 엔릭 미라예스의 산타 카테리나
마켓

지 없는지의 여부로만 본 것이다. 미국계 대형 마트 C와 달리, 한국형 대형 마트에서는 피고용인들이 월급을 받으며 식품 매장에서 판매를 돕는 것을 염두한 모양이다. 상인들의 자발성에 의해 움직이는 시장의 원리를 모르면 이런 판결이 나온다. 이는 시장을 지배 구조로 보는 법조인들의 표면적인 법적 해석이다. 대형 마트의 소유주인 대기업만을 위한 것이며, 중소상인의 성장을 저해하는 것이다.

한편 아케이드의 설치로 대표되는 재래시장 활성화 정책은 시장의 매출을 올려주긴 하였다. 그러나 현재의 '현대화 사업'은 어떤 결과를 가져올까? 아케이드는 건축적 해결책이나, 현대화 사업에서는 생산과 수요가 현장에서 바로 만날 수 있도록 하는 서비스 시설도 포함되어야 한다. 유통 마진을 줄이며 생산자와 소비자가 서로 맞춤 서비스를 주고받을 수 있는 곳이라야 할 것이다. 주말 대형 마트에 주차할 때 걸리는 지난한 시간은 이미 큰 스트레스다. 유럽의 건축가들이 설계한 시장들도 이런 비판을 피할 수 있을지 모르겠다. 엔릭 미라예스Enric Miralles가 바르셀로나에 설계한 시장은 공공건물로, 꽃이 그려져 있는 유선형의 천장으로 시장의 분위기를 만들며 신선한 방식으로 시장을 현대화하였다. MVRDV가 로테르담에 설계한, 주거와 시장이 복

로테르담의 마르크트할

마르크트할 내부

1———
YES 체제
일본의 엔(¥), 유럽의 유로(€),
미국의 달러($)가 지배하는 세계
경제 구조

합된 건물 마르크트할Markthal은 개발업자가 발주한 것으로 시의 소유는 아니다. 여기서 시장은 대형 마트와 작은 상점이 공존하는 현대의 거리를 집적해놓았다. 우리의 현실과 크게 다르지 않은 모습으로 대형 마트와 작은 가게들이 공존하는, 피할 수 없는 현대화의 일면을 보여준다.

독점화되는 대형 마트 문화에서 바자bazaar로 대별되는 시장의 DNA를 어떻게 살릴 수 있을까? 건축가의 디자인에 의지하기보다는 노동과 부를 서로 나누는 방식을 채택하는 데서 시작되어야 한다. 시장의 대형화나 피라미드화의 일방통행을 제지할 수 있는 것은 무엇일까? 우리 중 누군가는 볼로냐에서 성공한 협동시장Coop과 같은 제도와 시설을 우리의 실생활과 가까워지도록 하는 제도를 마련해야 한다. 건축가는 이런 시장이 형성될 수 있도록 기업인들에게 시장의 DNA가 자발적인 생산과 소비의 장이어야 한다고 가르쳐야 한다. 렘 콜하스가 YES¥€$ 체제[1]라고 규정한 세계 경제는 새로운 대안을 마련하기 위해 건축가가 뛰어넘어야 할 한계를 지적한 것이다. 현재의 경제체제를 극복하는 대안 중의 하나는 생산자producer와 소비자consumer가 만나 프로슈머prosumer가 될 수 있는 곳을 만드는 것이다. 이렇게 물자와 생각을 공유한다면, 21세기의 시장은 광장이 될 것이다.

광주 송정역에 위치한 1913 송정역 시장은 기존의 재래시장을 대기업의 후원을 받아 재정비한 곳으로, 기존의 가치를 새로운 이미지로 부각하면서 현재 전국에 있는 야시장 중 잘 유지되고 있는 곳이다. 이 시장에서는 복고와 현대적 이미지가 적절히 조화되어, 새롭게 정비된 옛 정취를 즐기는 재미를 준다. 대기업의 중소 상인 지원으로 이루어진 사업으로, 이런 방식이 널리 적용될 수 있다면 바람직할 것이다.

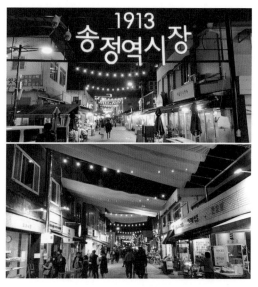

밤에도 활기를 띠는 1913 송정역 시장

헛간의 재탄생

발란싱 반, 글라스 팜
MVRDV

빈티지가 유행하면서 멀쩡한 나무도 그을려 오래된 느낌을 낸다. 건축계에서는 이를 부차적인 장식이라는 이유로 비판하곤 한다. 그러나 어떤 맥락에서 비판받아야 하는지를 알아야 한다. 빈티지는 옛것, 손때 묻은 것을 좋아하는 현상이고, 이와 같은 맥락에서 생활의 진솔함이 가득한 민가, 농촌, 헛간 건축이 관심을 끌고 있다. 이런 장소들이 소탈하고 욕심 없는 곳으로 여겨지는 까닭이다. 현실의 때가 묻지 않은 곳, 오직 먹고사는 일만 이루어지는 곳 말이다.

이런 상황은 충분히 이해가 되며, 옛 기억에 뭉클해지기도 한다. 그러나 이 유행에 대해 한마디 하고 싶은 이유는 상실에 대한 단순한 아쉬움에 불과하기 때문이다. 건축 담론의 역사에선 버나드 루도프스키Bernard Rudofsky의 책 『건축가 없는 건축』과 제인 제이콥스의 『미국 대도시의 죽음과 삶』이 건축가의 섣부른 개입에 대한 비판의 근거로 작용한 지 오래다. 건축가가 마스터플랜적으로 확고히 설계한 것이 자연적으로 형성된 좋은 환경에 방해가 된다는 것이다. 틀린 말은 아니다. 공공 영역에서 이뤄진 많은 건축 사업들이 안 하느니만 못하다는 평가를 받기 일쑤다. 사실 빈티지와 헛간 건축의 키워드는 시간으로 증명된 익숙한 무관심이다. 버나드 루도프스키와 제인 제이콥스가 적절히 언어화하지 못한 개념은 문화적 지속성cultural sustainability이다. 『건축가 없는 건축』은 개발되지 않은 한 문화권의 오래된 건축

문화의 특이점을 강조한 것이 아니라, 그곳에 사는 사람들이 사는 집을 만드는 이름 모를 이들의 '익명적'인 지혜를 알려주는 것으로, 이는 한 문화의 지속성을 암시한다. 『미국 대도시의 죽음과 삶』에 따르면, 도시의 구멍가게는 동네 사람들이 드나들면서 서로 마주칠 수 있는 지속적인 장소를 제공함으로써 한 지역의 문화적 지속성을 유지한다.

건축 역사가 조셉 리쿼트Joseph Rykwert는 『천국에서의 아담의 집On Adam's House in Paradise』이라는 책에서 원시시대부터 시작된 오두막과 그 주변에 사는 인간 행태의 관계와 그 의미를 밝히면서, 집 자체보다는 집을 둘러싼 사회적 행위의 중요성을 언급했다. 리쿼트는 건축 역사에서 손꼽히는 중요한 건축물에서 인간 행태의 역사적 의미를 부각하는 한편, 헛간 같은 익명적 건축물에서 볼 수 있는 일상성은 그의 가족, 그리고 지역 사회가 가진 익명적 문화의 지속임이 자명하다고 주장했다.

현재 전 세계적으로 헛간 건축이 부상하고 있다. 제주도의 감귤 창고를 비롯해 완주의 농협 창고와 인천의 일제강점기 창고도 예술 단지로 변모하였다. 공공의 용도 개발과는 달리 헛간이 주는 정신적인 가치를 재발견하는 움직임도 있다. 『행복의 건축』으로 유명한 작가 알랭 드 보통은 유명 건축가가 설계한 도시의 작은 집과 교외의 헛간에서 하루를 지내는 프로그램을 운영하는 조직 리빙 아키텍처Living Architecture를 운영하고 있다. 영국

옛 창고를 개조한 인천의
한국근대문학관

한국근대문학관 내부

01 02 제주도 감귤 창고
03 디자인 뮤지엄으로 바뀐 완주
농협 창고

01 02 03

ARCHILIFE 제공

발란싱 반

에서는 주말과 휴일에 주로 전통 펜션 같은 집을 빌리곤 하는데, 영국에서 쉽게 보지 못하는 건축 유형으로 펜션을 만든 셈이다. 단순한 개발 목적이 아니라, 현대건축을 체험하게 한다는 명분이 있었던 것이다.

리빙 아키텍처와 연계된 건물 중 MVRDV가 설계한 발란싱 반 Balancing Barn은 헛간 유형을 새로운 콘텍스트에 만든 예를 보여준다. 경사지에 놓인 30미터 길이의 헛간 형태의 집은 땅 위에 놓여 있으면서도 떠 있는 느낌을 준다. 아늑하고 낭만적인 느낌을 주는 현대적인 헛간을 만든 셈이다. 새로워진 헛간 유형은 건축의 전통과 현대 디자인에 콘셉트의 전이를 보여줄 수 있는 장치이다. 헛간 생활을 재정의하는 작업은 전통 건축이 현대화될 수 있고, 현대건축이 전통적일 수 있는 가능성을 열어주는 것이다.

MVRDV는 공동 창립자인 비니 마스Winy Mass의 고향에서, 공터가 된 중심 공간에 농장 같이 생긴 글라스 팜Glass Farm을 설계하였다. 비니 마스는 2차 세계대전 중 폭격을 받아 텅 비어 있었던 이 공간을 동네의 아늑함을 만들지 못하는 곳이라며 싫어했다고 한다. 빈 공간이 주는 생경함에 대한 보상으로 마스는 마치 그곳에 예전부터 농장이 있었던 것처럼 재현하고 싶어 했다. 그

글라스 팜

러나 현대에 마을의 중심에 농장이 있는 것이 어색했는지, 나름
의 묘안을 만들어냈다.

이 건물은 헛간 유형을 종합해서 비교한 후 공터에 걸맞은 크기
로 재현한 것이다. 특이한 것은 유리 벽에 벽돌 헛간의 사진을
프린트하고, 지붕에 나무 그늘을 프린트하여 시뮬레이션한 모
습이다. 사진 하나하나가 헛간의 느낌을 재현하고 있다. 마을 공
터에 공공의 공간이 아닌 사적인 임대가 가능한 사무실, 가게,
운동 센터 등을 유치하는 것이 옳았는지에 대한 우려 때문인지,
불투명한 헛간의 벽돌과 창문 입면을 유리에 프린트하여 농장
분위기를 냈다. 실내의 상업 기능은 시각적으로 감추고, 오래된
마을의 중심에 있을 법한 헛간의 모습을 현대적으로 재현한 것
이다. 폭격 이후 60여 년간 비어 있었던 마을의 중심에 빈티지
하지만 현대화된 헛간을 놓은 것이다.

마스는 마을 중심에 진짜 헛간을 만든다는 생각이 틀린 것이라
는 사실을 알고 있었다. 농부는 그런 식으로 헛간을 만들지 않는
다. 땅과 주변 관계를 면밀히 보고 필요한 곳에 헛간을 설치하는
것이지, 빈 공간이 있다고 해서 짓지 않는다. 그러므로 그는 글
라스 팜을 '유령 같은 헛간'이라고 한 것이며, 여기서 유령은 이
중적 의미이다. 그 지역에 84개밖에 남지 않은 옛 헛간을 상실

한 헛간의 유령이며, 유리로 현대화된 유령이란 뜻도 있다.

과거의 헛간을 만드는 방식으로 돌아갈 수 없다. 가짜 빈티지도 그럴 듯한 정취는 쉽게 주지 못한다. 이 점을 제일 잘 보여주는 예가 호주의 건축가 글렌 머컷Glen Murcutt이 만든 자택의 게스트 스튜디오이다. 예전의 트랙터 창고를 방으로 바꾼 것인데 트랙터에서 떨어진 기름때가 그대로 바닥에 남아 있다. 오래된 나무 벽은 사포질로 잘 갈려 있고, 기둥의 썩은 부분은 새것으로 덧댔으며, 빗물은 모아서 머컷의 전매특허인 수직 홈통으로 내려가게 만들었다.

글렌 머컷의 게스트 스튜디오

아주 무심해 보이는 헛간이지만 머컷은 이 집으로 움직임을 표현하려 했다. 땅에서 살짝 띄운 바닥, 빗물을 모으는 경사 지붕, 바람과 빛이 들어오는 창 등 환경과 건축 요소의 움직임은 이 개량된 헛간이 주는 즐거움이다. 헛간 건축은 익숙한 무관심의 지평이었으나 옛것이 살아 있는 관심의 대상이 되며, 또 상실을 회복한 느낌도 준다. 현재 새롭게 만들어지는 헛간이 현대인의 기억과 생활을 새롭게 규정하며, 낯설지만 곧바로 익숙해지는 무관심의 지평을 만들 수 있다면 문화적 지속성이 유지될 수 있을 것이다.

가정법적 시간을 만드는 공간

홍콩 아시아문화센터
토드 윌리엄스/빌리 치엔

알타미라 동굴 벽화에서 예술의 의미는 영원하지만, 사람들이 많이 왕래하는 바람에 동굴과 천장화가 망가져 복제 동굴에 복제 벽화를 그려서 방문자들에게 공개하고 있다. 스페인의 세비야나 코르도바에는 이슬람인들이 700년간 점령한 시간이 건물에도 녹아 있다. 세비야 대성당의 종탑은 이슬람 문화가 축조한 미너렛minaret을 더 높이 쌓아 올려 가톨릭 성당의 종탑이 된 것이며, 이슬람인들이 지어놓은 코르도바의 대大모스크 한가운데에는 다시 가톨릭 성당이 건설되기도 하였다.

지구촌 어딘가는 발전이 빨라 하루같이 변하고 있고, 어딘가는 발전이 더디어 아직도 손으로 모든 것을 만들며 살아가고 있다. 불안과 예측에 시달리며 사는가 하면, 마음의 여유와 운명에 내맡기며 살고 있기도 하다. 콜럼버스가 남미에서 가져온 금 300톤, 은 1만 8000톤은 급속도로 포르투갈을 부유하게 만들며 개발의 시간 패러다임을 바꾸어놓았다. 당시 유럽 재화의 지형을 순식간에 이끌었기 때문이다.

2016년 프리츠커상 수상자인 칠레의 알레한드로 아라베나Alejandro Aravena의 건축은 아름답고 독창적인 세팅이 아니라, 돈 없이도 인간답게 자기 공간을 만들 수 있는 공간적 틀이다. 표준화된 공간에 생활공간을 덧붙여가며 자신만의 시간을 만들 수 있는 여유를 주는 것이다. 표준화됐으면서도 개인의 요구에 맞춰진 곳, 익명적인 동시에 개인적일 수 있는 곳이자 자신의 집에

세비야 대성당의 히랄다 탑

서 '시간을 지배하는 자'가 될 수 있게 한다. 이것이야말로 시간을 만드는 그릇으로서의 건축이다. 한 공간에 다채로운 시간을 만드는 것은 과거와 미래가 반복되며, '만약에'라는 가정법적 시간을 경험하게 하는 것이다.

'가정법적 시간subjunctive time'을 만드는 건축은 아파트가 장악한 현대 도시에서 과연 가능할까? 높은 스카이라인을 자랑하는 현대 도시 홍콩에서도 가능하다. 홍콩은 면세점과 마천루가 즐비한 곳이지만, 1842년 아편전쟁 이후 영국군이 중국 땅을 향해 산 중턱 정글에 포대를 만들어놓은 언덕도 있는 곳이다. 포대와 군인 주둔지, 해군 기지가 있던 곳이 마천루들의 습격으로 현대화될 무렵, 기존의 포탄 창고 건물들을 재활용하여 아시아문화센터Asia Society of Hong Kong Center로 탈바꿈했다.

수평성이 강조된 홍콩
아시아문화센터

자연을 접할 수 있는 연결 브리지

지명 설계에서 토드 윌리엄스Tod Williams와 빌리 치엔Billie Tsien이 제안한, 건물 높이가 가장 낮은 안이 당선되었다. 홍콩의 수직적 풍경과는 다른 수평성, 정글, 물줄기, 군대 기지를 모티프로 삼아 문화센터를 만드는 작업으로 홍콩의 역사와 자연을 떠올리게 했다. 마치 '홍콩은 이렇게 만들어졌다'라고 섬세하게 알려주듯 복잡한 홍콩 거리와 동떨어진 거친 자연과 수평적 건물들이 시간을 신비롭게 보여준다. 1860년부터 지어진 탄약 창고와 기지 사무실에 이르기 전까지 대지 전면에 지어진 파빌리온을 통하여 자연을 경험하고, 지그재그로 연결된 브리지를 건너 대지의 깊숙한 곳까지 진입한다. 그곳을 거닐면 마치 자신의 시간을 만드는 것처럼 가정법적인 시간의 공간을 겪게 된다.

시간을 만드는 건축이란 개인의 삶, 더불어 사는 삶, 공의公義가 담긴 삶을 창의적으로 구체화하며, 건축 자체도 시간에 따라 변하는 곳일 것이다. 그런 공간은 변화의 여지가 있으며, 개인의 거주 공간보다는 공공의 공간에서 실현하기 쉬울 것이다. 관광객으로 가득 찬 공간이 아닌, 한 공간의 사회적 의미를 이끌어낼 수 있는 시간의 축적을 느끼게 하는 곳 말이다.

조선 시대부터 시간을 알려온 보신각, 민족자본의 동대문시장, 민주화 운동의 무대인 명동성당과 시청 앞 광장 등 사대문 안 공간에서 느껴지는 시간의 겹에 비하면 사대문 밖의 공간은 아직 속물적이다. 시간의 기운이 그다지 쌓이지 않았기 때문이다. 젠트리피케이션이 진행되거나 여전히 옛 건물이 버티고 있는 곳으로 나뉠 수 있을까? 재개발을 기다리며 건물 구조가 불안해야 자축하는 자본이 지배하는 공간이자 경제적 계급의 체념이 아로새겨진 곳이다. 쾌적한 생활을 위해 공공 공간의 녹지화, 공원화가 최선의 선택이다.

2015년 서소문 역사공원과 세종대로 역사문화공간 설계 경기가 있었다. 이 둘 모두 시간의 의미를 묻는 프로젝트였다. 서소문 밖 순교지는 조선 시대부터 구한말까지 처형지로 쓰이던 곳이자 가톨릭 순교지로, 종교 탄압으로 인해 108명이 희생되고 이들이 성인으로 추대된 역사를 가지고 있다. 현재는 근린생활공원이지만 역사공원으로 탈바꿈할 예정인데, 지금은 주변 지역의 개발과 철도로 경계 지어진 애매한 이 공간은 장소의 역사적 의미를 강조하기 위해 기존 지하 주차장을 탈바꿈해 땅 위의 시간을 담게 될 것이다.

지하 위주의 당선안은 도시의 소음을 피하여 아래에서 바라보는 하늘을 담는 그릇을 주요 콘셉트로 잡았다. 여기에는 우리나라에서 가톨릭의 수용과 근대화의 시작이라는 역사적 의미 또한 담길 것이다. 그러나 빈 공간, 없음의 주제가 선배들의 건축과 크게 다르지 않아 보인다는 게 계획안의 단점이지만, 건축이 무언가를 표현한다기보다 다양한 시간을 담는 그릇으로 작용할 것이라는 점에서는 긍정적이다.

세종대로 역사문화공간은 구 국세청 남대문 별관이 철거된 300평 정도의 부지에 세워져 역사공원은 지상에, 전시관 등 불확정

서소문 역사공원 계획안

적 공간은 지하에 배치될 예정이다. 이 땅은 1960년 4·19 혁명의 중심지였고, 문화유산인 덕수궁, 성공회 성당, 서울시 의원회관이 둘러싸고 있으며, 맞은편에 서울 시청사가 있다. 서울광장과의 보행 연결 및 지하철역과의 연결도 가능하다.

이 땅에 들어서게 될 건축 설계안은 마치 묻혀 있었던 조선 600년을 들춰내는 것처럼 지하 8미터 깊이에서 허구적 시간의 적층을 만들어냈다. 100년에 1미터씩 쌓인 도시의 땅을 걷어내고 600년 전 한양이 도성으로 정해진 시간의 속살이 고스란히 담긴 지하의 벽을 새로 조성한 것이다. 물론 그것이 허구적 시간일지라도, 벽에 새겨지는 개념화된 과거는 도시화로 인해 역사도심의 지층이 잊혀지지 않도록 재구성되는 시간일 것이다.

가정법적 시간을 만드는 건축은 시간을 두고 느껴지도록 구현되어야 한다. 청운동의 윤동주 문학관은 공사 중에 버려진 물탱크를 발견한 후 다시 설계된 건물이다. 마치 땅에 묻힌 감옥처럼 물탱크의 바닥에 맞추어 관람자의 진입로를 만들어 윤동주 시인이 체험한 억울함, 답답함을 느끼게 한다. 이곳은 실제 현장이 아닌 허구의 공간이지만 그가 학생 시절 자주 올랐던 바람의 언덕에서 가까운 곳으로 고난의 의미를 되새기게 한다. 그러나 이런 사실과 메시지도 모르고 이곳에 오른다면 무슨 의미가 있을까? 이렇듯 도시는 공간으로만 볼 수가 없다. 모르는 사람을 시

142

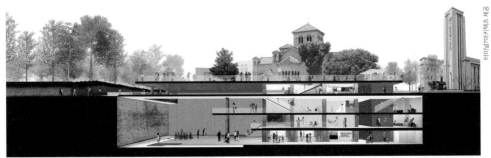

이미지 출처: 매스스터디스

세종대로 역사문화공간 계획안

간을 두고 알게 되는 것처럼 도시는 공간을 시간으로 간주하고 파악하려고 해야만 진정으로 알 수 있다. 우리가 태어나기 전에 만들어진 도시이기 때문에 그 시간에 익숙해지게 하는 매개체가 필요하며, 그 매개체 중의 하나인 건축은 나를 둘러싼 시간의 다툼을 알려주는 전령과 같은 것이다. 시간의 건축은 공간적 사실과 함께 존재하는 가정적 상황을 알고자 하는 개인이 스스로 다가가야 하는 앎의 대상이다.

과거를 상상하게 하는 새로운 방법

아크로폴리스 박물관
베르나르 추미

김수근의 옛 부여박물관

아크로폴리스 언덕과 파르테논 신전

부여 역사 지구는 고도古都의 흔적을 회복할 명분이 있으나, 왕궁터에 놓인 김수근의 옛 부여박물관과의 상생을 고려하는 방향으로 가야 할 듯하다. 옛 부여박물관이 좁은 고도에 뻘쭘하게 큰 규모로 남아 있고, 역사 지구 안의 발굴되지 않은, 옛 부여 왕궁의 숨겨진 건물들도 수용하고 있기 때문에 머잖아 결정이 나야 한다. 기존 건물의 존치, 보수, 창조적 변형 등 여러 방법이 있으나 현실적인 방법을 결정하기 전에 전혀 다른 대안을 찾아볼 수는 없을까?

아테네의 아크로폴리스 언덕은 2000년의 시간이 녹아 있는 신전들로 가득하다. 풍화된 노란 대리석과 빈틈을 메우는 빛나는 하얀 대리석은 과거와 현재의 시간을 동시에 보여준다. 아크로폴리스 언덕의 신전들은 그동안 서양 건축의 원형이 되어왔으며 기둥의 배흘림, 페디먼트와의 비례 등은 하나도 빼놓지 않고 학습되었다. 시각적인 비례는 다른 신전들과 비교가 안 될 정도로 훌륭하며 언덕의 대지 또한 신비감을 자아낸다. 언덕 위의 지평선에서 땅 아래를 바라보는 시선은 신의 영역temenos으로 자리매김하기에 충분하다. 언덕 위로 올라오는 군중, 제사를 위해 바쳐지는 공물, 제물로 쓰일 희생양은 언덕에 오를 때 무슨 생각을 했을까? 신의 땅을 밟는 느낌은 어땠을까?

파르테논 신전은 이런 마음들을 어떻게 달랬을까? 서양 건축의 전형 중 하나로 여겨지는 파르테논 신전의 절대미가 압도적이었을까, 신전에서의 제사가 더 중요하게 작용하였을까? 신전에서는 4년에 한 번씩 치러지는 판아테나이아 축제가 행해지며, 언덕은 축제 분위기로 가득 찼을 것이다. 그러나 기독교화되고 이후 모스크화되면서 당시의 종교적 아우라는 잊혀진 지 오래다. 파르테논 신전 앞의 제단에서 신들에게 희생양을 바치던 제사는 사라졌고, 신전은 교회와 모스크로 쓰이다가 탄약 창고로까지 전락했다. 전쟁은 모든 건조 환경의 가치를 바꿔버리는 무자비함이 있다. 그럼에도 언덕 아래의 야외 음악당 오데이온Odeion은 현재도 사용되며 언덕은 신성한 산의 역할을 하고 있다.

아크로폴리스 언덕에 올라서서 아래를 보면 파르테논 신전의 바닥과 같은 크기인 검정 유리의 네모난 건물이 파르테논과 같은 방향으로 놓여 있다. 베르나르 추미Bernard Tschumi가 설계한 아크로폴리스 박물관이다. 파르테논의 평면과 똑같은 크기로 만든 최상층에 들어가보면 파르테논 신전의 기둥이 재현되어 있고, 프리즈 상부의 조각들이 군데군데 걸려 있다. 손실된 부분은 영국이 가져간 파르테논 신전의 메토페metope의 조각들이다. 창밖으로 보이는 신전에는 없는 메토페가 이곳에 재현되어 있는 것이다. 이곳을 걷고 있노라면 만감이 교차한다. 파르테논 신

아크로폴리스 언덕에서 내려다본 박물관

아크로폴리스 박물관

아크로폴리스 박물관에 전시된
페디먼트, 메토페, 프리즈 조각

전의 많은 부분은 모두 어디로 가 있을까? 영국인들은 한 나라의 중요한 문화재를 약탈해서 영국박물관에 모셔놨단 말인가? 영국은 엘긴 마블Elgin Marble이라 불리는, 파르테논 신전의 프리즈와 에레크테이온 신전Erechtheion의 카리아티드Caryatid 등을 영국박물관에 소장하고 있다. 이런 잘못된 과거를 돌려놓기 위해 만든 집은 아직 반도 다 채우지 못했고, 역사를 빼앗긴 텅 빈 마음을 보여주듯 창에서 파르테논 신전을 하염없이 올려다보게 한다. 옛 신전과 현대화된 신전의 호소적인 장치들이 언덕의 위와 아래에 있는 형국이다.

부여 부소산 아래 왕궁 터는 옛 부여의 건물들을 상상하며 다시 지어질지도 모른다. 사실 우리가 보고 싶은 것은 건물들이 이루는 과거 생활에 대한 상상일 것이다. 폐허에서의 상상이 쉬울까 아니면 무언가가 복원된 후의 상상이 쉬울까? 옛것이 복원되는 과정을 보여주며, 과거를 상상하게 하는 건조물을 현대식으로 만들어가는 것은 어떨까? 과거와 미래를 상상하게끔 만들어지는 건조 환경은 예전 건물을 박제하듯 이루어지는 복원과 첨단 기술만이 적용된 현대화와는 전혀 다른 공간을 만들 수 있다. 과거는 서서히 만들어지며 또한 그렇게 만들어지는 과거를 생각하는 미래도 만들어진다면, 현재는 더욱 더 풍부한 시간의 궤를 제시하는 건조 환경을 가질 수 있을 것이다.

옛 수도 부여의 모습을 보여주지 못하는 현재의 크고 작은 건물들이 과거를 만드는 현재를 담은 건조물로 탈바꿈하게 될 때, 진정한 시간의 가치가 드러날 수 있다. 풍부한 시간의 틀 안에서 시민들은 옛 부여의 안정된 시간의 흐름과 때로는 급변했던 현대화의 시간, 또한 미래를 상상하는 시간을 동시에 영위할 수 있을 것이다. 과거와 미래를 함께 사는 현재는 가능하다.

시간의 모자이크

홍현: 북촌마을 안내소 및 편의시설
윤승현

북촌은 조선 왕조 600년에 이어 이후 100년의 시간이 더해진 역사가 공간과 맞물려 있어 알면 알수록 흥미로운 곳이다. 평일에는 중년 여성들과 외국인들이 천천히 이곳을 둘러보고, 주말이면 젊음이 가득 차는 곳이다. 작은 건물과 고풍스럽게 만든 새 건물들, 구불구불 이어지는 골목길, 땅의 높낮이에 따라 저 멀리 궁도 보였다가 서울 성곽도 보였다가 하는 것이 재미를 더한다. 경복궁 동쪽의 북촌은 왕족과 사대부들이 살던 고개로, 낮은 구릉들이 주름처럼 이어져 있었다. 지금의 정독도서관은 옛 경기고등학교 자리에 위치하여 구릉 위 넓은 대지를 차지하고 있다. 경기고등학교는 1900년 대한제국 때 만들어졌으며, 현재의 서울교육박물관은 1971년에 개관한 생활관인 '화동랑의 집'으로, 방과 후 예절 및 우리 춤과 음악 등을 배우던 곳이라 한다. 정독도서관 자리와 앞길은 조선 시대에 붉은 황토의 땅인 홍현 紅峴, 즉 붉은 고개로 불렸는데 아마도 그런 이유 때문에 붉은 벽돌로 화동랑의 집을 지었나 보다. 차가운 콘크리트로 지어진 학교 건물과 대비되기도 한다.

북촌이니만큼 이 땅에는 재미있는 에피소드가 많이 남아 있다. 정선이 〈인왕제색도〉를 그리려고 발걸음을 멈춘 자리가 바로 현재 정독도서관의 정원이다. 궁중의 화초를 키우던 장원서掌苑署의 자리이기도 하였다. 갑신정변의 주역인 김옥균, 서재필, 박영효의 집터는 북촌 답사 코스 중 하나로 꼽히며, 비교적 최근인

옹벽 제거 전후

1981년에 종친부의 경근당과 옥첩당 건물을 이 대지 안으로 옮겼다가 2013년 원래 자리인 국립현대미술관 서울관 위치로 다시 이전했다.

성북동의 부잣집들이 그러하듯이 옛 경기고등학교 터도 화동고갯길에서 보면 4미터 높이의 옹벽이 길게 쳐 있어 통과해야 하는 동선이나 다름없었다. 화동길에 면한 35미터 길이의 옹벽은 서울교육박물관을 볼 수도 없게 하는 위압적인 콘트리트 담이었다.

건물 세 채와 두 개의 넓은 틈으로 구성된 안내소는 35미터 길이의 화동길을 향해 열려 있다. 면적이 45평밖에 안 되는, 빨간 벽돌과 밤에 빛을 내는 샌딩 유리로 된 작은 건물 세 채는 서울교육박물관을 향해 올라가는, 망치로 잘게 정다듬된 돌계단을 끼고 있다. 예전 화동랑의 집은 옹벽 아래에선 잘 보이지 않았지만 옹벽이 없어지고 나서는 화동길에서 직접 갈 수 있게 되어 그 존재를 알렸고, 정독도서관 가는 길도 훨씬 접근이 용이해졌다.

건축물 홍현은 북촌의 느낌을 어떻게 살리고자 했을까? 복고의 클리셰인 돌담, 기와, 목조를 차용하지 않으면서 건축가 윤승현은 "화동길 가의 건물군 표정을 닮은 15평 내외의 매스로 산개해 배

인터키드 제공, 사진작가 김재경

홍현: 북촌마을 안내소 및 편의시설

치했다"고 한다. 건물의 재료는 벽돌, 아연판 지붕, 샌딩 유리, 콘크리트 등 현대적인 재료이지만, 두툼한 돌계단과 돌계단이 모로 선 듯한 석재 벤치 등 서울교육박물관을 향한 비대칭적인 모습의 외부 공간이 전통적 요소를 현대적으로 변형한 경우이다. 서쪽부터 본다면 갤러리의 벽돌 매스는 모전탑처럼 재생 벽돌을 내어 쌓아 지붕을 경사지게 만들었다. 재생 벽돌의 지붕에 흙먼지가 쌓이고 씨앗이 날아와 물이 흐르면 이름 모를 풀이 자랄 것이다. 경사로를 올라가면서 보이는 이 낮은 벽돌 지붕은 스스로 풍화되는 동시에 무언가를 키워 또 다른 시간의 겹을 더할 것이다.

고개에 올라서면 안내소의 아연 지붕이 내려다보이는데 마치 다른 집을 보는 듯하다. 화동길을 향해 열려 있는 그 위를 걷고 싶은 충동도 드는 한편, 실제로 위에서 내려다볼 수 있는 덱의 기능까지 할 수 있었으면 어땠을까 하는 아쉬움도 남는다. 길을 향한 다양한 레벨링이 이루어질 수 있었을 것이다.

인터키드 제공, 사진작가 김재경

구멍 뚫린 매스가 눈길을 끄는 화장실

벽돌이 송송 뚫린 화장실 매스는 화장실이라고는 느껴지지 않는 야심 찬 매스이며, 레벨링을 극대화하여 절묘한 광경을 만들었다. 기둥 없이 튀어나온 매스 아래는 낮게 드리워져 깊은 그늘을 만든다. 누하진입[2]을 떠올리게 하는 낮은 높이의 콘크리트 매스와 벽돌 벽 외피는 아래쪽에서 바라봤을 때 그 구조가 적나라하게 드러나며, 도시의 거리에 있을 것 같지 않은 낮은 높이의 스케일을 보여주면서 동쪽에서 걸어올 때 기대감을 불러일으키는 입구를 만든다.

2————
누하진입
누마루 아래 좁은 통로로 진입하는 방식. 절에서 흔히 쓰인다.

위로 올라가는 돌계단 사이에 돌계단을 모로 세운 듯한 벤치는 마치 입구에 조각물들이 서 있는 것 같은 느낌을 주며 잠시 휴식할 기회를 준다. 들여다보게는 하지 않지만 눈길은 가게 하는 참신한 방법이다.

이렇듯 전체적인 구성은 무언가를 연상시키는 유형들이 변형된 조합이며, 완성된 듯 안 된 듯 자유로운 모습으로 시간의 모자이크를 이루고 있다. 공공건물 또는 기관 건물에서 담이나 옹벽을 없애면서 영역의 경계를 이렇게 열 수 있을까? 경계를 지우고 그 땅이 가진 시간의 흔적을 드러내며 누구나 휴식을 취할 수 있는 불확정적인 공간을 만들 수 있을까? 건축물 홍현은 그런 예측으로 만들어진 세팅으로서, 지금부터 이 장소를 적절히 이용하고 불확정적 공간을 늘리는 것은 시민들의 몫일 것이다.

단절된 시간과 공간을 잇는 연결체

서울공예박물관
이용호/송하엽/천장환

건물의 마감은 구축을 끝내고
건물의 풍화는 마감을 구축한다.
-데이비드 레더배로우

경복궁에서 창덕궁에 이르기까지 북촌에는 근대화 이후 학교가
많이 지어졌다. 지금은 국립현대미술관 서울관이 된 건물도 경
성의학전문학교 외래 진료소로 쓰인, 엄밀히는 의과대학 건물
이었다. 그 후 기무사국군기무사령부로 쓰이면서 정치적 오욕이 새
겨졌지만, 시멘트를 벗겨내니 프랭크 로이드 라이트 스타일의
빨간 벽돌 벽과 콘크리트 띳장waling으로 된 수평성을 되살려 미
술관의 기프트샵과 학예사 사무실 등으로 쓰이고 있다. 이 건물
은 복원 후 건물군의 전체적인 분위기를 이끄는 원형으로 자리
매김하고 있다.
앞서 소개했듯이 옛 경기고등학교도 강남으로 이전 후 외관을
바꾸는 리모델링 없이 내부만 바꿔서 정독도서관으로, 기숙사
건물이었던 빨간 벽돌의 화동랑의 집은 서울교육박물관으로 쓰
이고 있다. 화동길에 면한 높이 4미터 옹벽을 터서 만든 북촌마
을 안내소와 편의시설은 다소 권위적이었던 학교 공간이 다정
한 공공 공간으로 변모한 사례다.
현재 북촌과 그 주변 지역은 거주 및 학령 인구가 줄어듦에 따
라 기존의 학교를 다른 곳으로 이전하고 있다. 정독도서관에서

감고당길에서의 전경. 은행나무와 그 앞의 화계를 위해 담을 뚫었으며 본관 앞의 월대月臺는 길로 연장돼 있다.

풍문여고와 면한 감고당길

감고당길로 내려오는 길에 위치한 두 학교 가운데 풍문여고가 이전하면서, 서울시가 그 땅을 매입하여 서울공예박물관으로 바꾸는 사업을 추진 중이다. 풍문여고와 종친부 남쪽 사이에 자리한 땅은 조선 시대 양반 계층의 주거지로, 소나무가 많아 송현松峴이라 불렸다. 일제강점기 때 이 지역은 일본 식산은행원 숙소 부지로 쓰였고 해방 후 국방부가 미군에 빌려줘 미 대사관 직원 숙소로 이용되다가, 현재는 한진그룹 소유지로 호텔 건립 추진 실패 후 복합 문화 공간이 계획 중이다. 이곳에 문화 공간이 들어온다면 국립현대미술관과 앞으로 건립될 서울공예박물관과 더불어 뮤지엄 트라이앵글museum triangle을 이뤄 골목길 건너듯이 연속된 뮤지엄 마을이 될 것이다.

풍문여고 터는 안동별궁이 위치한 곳으로 동쪽의 종친부와 더불어 왕가의 안가安家로 자리 잡은 곳이다. 2006년에는 돌담을 복원하여 감고당길의 학교 담을 돌담 길로 만들었다. 이 공간을 21세기의 예술 공공 공간으로 삼아 도시의 단절된 시간과 골목길을 엮는 아담한 마당으로 변신시키려는 것이다. 주변의 공공 문화 시설과 다양한 시민 공간은 연속되는 선과 면, 그리고 건축적 볼륨으로 이어져, 근대화에 의해 단절된 시간과 공간을 공공의 장소로 다시 엮어준다. 인사동길에서 시작되는 보행로의 흐름은 남북으로 이어지며, 높은 담을 낮추고 운동장 쪽에 새로 지

원래 둥그란 건물을 수평적으로
감싼 지역 공예관. 실을 감은 얼레나
누에고치를 연상시키며 공예의
느낌을 전해준다.

어질 아트 플랫폼은 도시의 불확정적인 공공 공간을 마련해준
다. 북쪽의 연지蓮池, 후정後庭의 공간은 돌담을 돌아서 들어갈 수
있는 은밀한 오래된 정원이 된다. 의도된 질서보다는 땅에 축척
된 역사의 시간을 엮는 것으로부터 얻어진 질서가 도시의 시간
연결체가 되는 것이다.

오래된 은행나무는 이 터에서 제일 높은 메에 궁의 뒤편에 있었
다. 높은 메 아래에는 연지가 있어서 운치를 더했다. 은행나무
동산은 원지형을 회복하면서 서서히 감고당길로 경사를 지어
내려오는 곳이며, 계단과 자연이 어우러진 화계花階를 놓아 뒷동
산이 회복된다. 대지에서 찾은 오래된 시간의 흔적은 도시의 고
고학적 깊이를 더한다. 감고당길에서 내려오다 만나는 사괴석
담장[3]의 모서리는 담장의 기단석으로 쓰이는 석재 세 개를, 바
닥에 묻혀 보이는 않는 장대석[4] 위에 수직으로 쌓아 해학적으로
보강하였다. 이런 보존된 모습은 유지되며, 더 내려가다 보면 사
괴석 담장이 콘크리트 벽으로 흉하게 끊어진 부분 아래에 문지
방이 남아 있다. 아마 별궁의 후정을 드나드는 뒷문이었을 것이
다. 감고당길을 오가는 사람은 이 위치를 한번 찾아볼 만하다.
둔덕, 돌담, 은행나무, 연지 등 땅이 가지고 있는 요소는 고고학
적으로 재발견되며 북촌 지형을 회복하는 요소가 될 수 있을 것
이다.

3 ————
사괴석(사고석) 담장
육면체의 화강석인 사괴석으로 쌓은
담장. 보통 담장 아래에 장대석을
놓고 사괴석을 쌓은 다음, 맨 위에
기와를 잇는다. 궁궐과 양반집에서
볼 수 있다.

4 ————
장대석
돌 층계나 축대에 쓰이는 길게
다듬은 돌. '토대석土臺石'이라고도
한다.

153

지금의 이 땅은 조선 시대부터 20세기 근대화 등을 거치며 다양한 변화를 감내해왔다. 위정자의 머리와 손에 이끌려 터가 정해지고, 별궁이 되었다가, 양반집이 되고 다시 학교로 바뀌어 나름대로 공공을 위한 길을 걸어왔다. 역사 도시 경관 디자인의 흐름을 타서 돌담이 만들어지고 운치를 더했지만 진정한 공공화는 아니었다. 도시화를 통해 궁과 종묘를 잇는 길 사이에서 개발에 의한 사유화가 진행되어 예전의 정신적인 기운은 약해졌으나, 21세기에는 도시 보행을 요구하는 목소리로 인해 그 단절을 새로운 길로 잇는 회복이 이루어지고 있다. 보행을 위하여 과감히 담을 적재적소에 허물고 도시의 플랫폼을 만들며 지형을 살려주는 작업은 거대한 청사진을 위한 것이 아니라, 옛 정취를 느낄수 있는 새로운 도시 문화와 정신이 싹트기를 기대하는 소박한 배려에서 시작된다.

2000년의 시간으로 저항하는 건축

아파트 집, 문정도서관
왕수

공유의 장에서는 어떤 삶이 펼쳐져야 하는가? 중국의 건축가 왕수王澍는 급속한 도시화의 대안으로 자연을 바라보는 삶을 제시하고, 일본의 후지모리 테루노부는 소생을 주제로 자연의 횡포에 자연적으로 대처하는 삶을 표현한다. 승효상은 '빈자의 미학' 이후 '터무늬'를 주제어로 개발 마인드를 비판하며 땅과 터의 역사적 연속성을 이어갈 수 있는 현대인의 삶을 주문한다.
세 주장은 일견 다르지만 공통적으로 자연과 역사의 장소에서 대안적인 삶의 문화를 만들고자 하는 메시지를 담고 있다.
- 송하엽,『랜드마크; 도시들 경쟁하다』

6·25 전후 복구부터 1990년대까지의 건축은 개발이라는 명목 아래 자연과 도시의 가치에 상대하여 싸울 필요도 없었고 뒤돌아볼 겨를도 없었다. 나라 밖에서는 개발 문명의 이기에 대한 자성이 원폭 투하, DDT 살충제와 고엽제의 부작용, 오일쇼크 등 세기적 사건들로부터 촉발되었지만 우리는 개발 문명에 대한 자성이 정치적 민주화를 통해 주로 이루어진 까닭에, 건축의 의미를 들여다보는 시간은 가지지 못했다. 부동산 투기 아래 건축의 품격은 지켜지지 않았다. 돈이 광풍처럼 도는 세상에서는 면적만 중요할 뿐이었다.
개방 이후 중국의 발전상은 우리보다 더욱 스케일이 크다. 개발 시대에 편승하는 건축가가 있는가 하면, 선비 같은 건축가와 그와 생각을 공유하는 그룹들도 출현한다. 현재 한중일 문화권에서 일본 건축가 후지모리 테루노부와 중국 건축가 왕수의 건축은 개발 문화와는 반대의 길을 간다. 안도 다다오도 자연을 주제로 개발에서 벗어나 있는 듯했으나 상품화된 지 오래다. 승효상도 자연과 역사를 아우르는 '터무늬'라는 좋은 개념을 제시하지만 작품에서는 그의 어휘로 자주 차용되는 건축적 조형성에 상당 부분 의지하고 있다.

왕수의 닝보박물관

왕수의 프리츠커상 수상은 예상 밖이었다. 중국 내에서도 의외인 것으로 알려진 그의 수상이 놀라운 건 왕수의 거친 건축이 이상과는 어울리지 않았기 때문이다. 과연 그의 건축에서 특별한 무언가를 본 것일까? 불가능한 것도 가능하게 만드는 대륙의 건설 문화에서 자본의 흐름에 반하는 건축적 저항을 본 것이다.

왕수는 2000년 퉁지 대학교에서 「허구성시虛构城市, The Fictionalized City」란 박사 논문을 썼다. 무엇이 허구의 도시일까? 도대체 1990년대의 중국이 어땠기에 이런 내용으로 박사 논문을 썼을까? 왕수는 건축 역사의 의미에 대한 알도 로시의 접근 방법에 매료되었으며, 로시가 건축가의 영감의 원천이라 여긴 기억과 관심 목록inventories, 즉 역사적 유형들을 중요시하며 서양의 픽처레스크picturesque에 상응하는 중국의 강산여화江山如畵 개념을 주장한다.

중국의 건축 전통과 자연성이
돋보이는 모습

건축가들이 한 지역의 과거부터 현재의 건축 유형까지 생각하며 꿈꾸는 건축·마을·도시에 대한 가정적 상황을 그리는 이론적 배경은 알도 로시의 주장과 대부분 맞물린다. 시간을 고려한 그의 방법 때문이다. 로시가 건축 유형의 관심 목록과 그의 기억에 큰 의미를 부여하듯, 왕수는 서민들의 삶의 방식과 터전, 건물을 짓는 방법, 그리고 철거되는 건물들에 관심을 둔다. "나는 도시 디자인을 새로운 방식으로 접근할 것이다. 나는 우리와 다르고 소외받은 약자의 편에 설 것이다. (…) 나에게 아이러니한 것은 정부에 의해 철거되는 건물들이 정부에 의해 지어지는 건물보다 문화적 가치가 높다는 사실이다. 이런 집들은 위세도 허세도 없지만, 사람들의 생활을 한층 더 고양시킨다."

종남첩경終南捷經이란 말이 있다. 당나라 때 과거 낙방 후 종남산에 박혀 조용히 수년 간 살다 보면 은자로 점점 알려져 10여 년 후에 더 높은 벼슬로 천거되었다는 뜻이다. 그 정도로 중국에서는 숨은 고수가 높이 추앙되며 문인의 위상이 우리나라 선비처럼 높았다. 왕수는 스스로를 은자, 문인, 아마추어라 지칭하며 문인들이 즐기는 원림原林, 원시림에 살고싶어 한다. 1997년 실제로 20평이 안 되는 그의 아파트를 원림이라 여기며 인테리어를 했을 정도이다. 그는 "나는 문인으로서 원림을 짓고 싶다. 아파트에서 현대의 이어李漁가 되고 싶다"고 하며 요란한 도시 속 상상의 원림을 만들었다.

아파트 발코니에 원림에서 가장 중요한 정자를 사각 박스로 만들고 방향을 약간 돌려 자유로움을 더했다. 그는 벽을 방으로 상상하며 거대한 책장은 누각에, 화장실과 주방의 식탁은 길 옆 주택에 비유하였다. 의자는 앉을 수 있는 방이고 거실은 원림의 공공 정원이 된다. 손수 만든 여덟 개의 조명 기구는 "거주할 수 없는 여덟 개의 방"으로 불리며 각 원림에서 방 역할을 하고 있다. 이처럼 왕수는 가구와 조명, 장식을 방이라 부르며 이 작은 아파트에서 원림 건축을 허구적으로 명명하였다.

왕수의 아파트錢江時代垂直院宅

2000년 완공된 문정도서관 역시 원림을 모방한 작품이다. 네 개의 작은 박스는 전통 원림의 정각亭閣 역할을 한다. 주 건물에 비해 크기는 작지만 문인들에게 이 정각들은 더욱 중요한 의미를 가진다. 왕수는 네 개의 박스를 주 건물과 분리·교차하는 방식으로 건물과 주변 산수의 대응 관계를 만들었으며, 크기를 대비시킴으로써 원림의 공간을 연출했다. 도서관은 원림에서 산수 속에 있는 건물이 뚜렷하게 드러나지 않는 특징을 살렸고, 정각은 물 위에 떠 있는 모습까지 모방하였다.

왕수가 스스로 문인으로 원림에 살고자 함은 시간을 관통하여 사람의 품위를 지키며 살겠다는 강한 의지로서 개발의 광풍을 거부한다. 마치 은자처럼 도피하고 상상하게 하며 학자연하지 않는 자세로, 왕수는 미학을 넘어선 환경 윤리까지 지향하며 세계의 건조 환경 시스템에 온몸으로 저항하는 중이다.

chapter 5. 정신

트라우마 공유법 베를린 유대인박물관, 드레스덴 군사박물관

작은 기념비 전쟁과 여성 인권 박물관

전설적 초현실 지평 스코틀랜드 의회당

최소의 건축

건축의 트라우마 공유법

베를린 유대인박물관, 드레스덴 군사박물관
다니엘 리베스킨트

죽음을 살려내야 한다 / 그래야 삶이 살 수 있다 / 그래야 삶이
삶다워질 수 있다 / 그래야 삶이 제대로 죽을 수 있다 //
죽음을 살려내야 한다 / 죽음을 삶 곁으로 / 삶의 안쪽으로 모셔
와야 한다
- 이문재, 「백서2」

2015년 4월 16일에 발생한 세월호 참사는 아직도 해결되지 않았
고, 우리에겐 정신적 트라우마로 남아 있다. 집단 트라우마는 오
랫동안 살아남아 가해자는 가해자대로, 피해자는 피해자대로
괴롭게 한다. 사회적으로 기념할 일이나 이 같은 트라우마를 기
억하기 위하여, 건축적으로 기념비를 만들거나 해당 장소에 무
언가를 세울 때 기념비성에 대한 고민은 시작된다.
20세기 초 파시즘과 나치즘은 고전주의를 차용하여 건축으로
거짓된 기념비성pseudo-monumentality을 앞세웠다. 1943년 지크
프리트 기디온, 주제프 류이스 세르트, 페르낭 레제가 20세기
근대건축에서 이를 극복하는 안으로 제시한 「기념비성에 대한
아홉 개의 쟁점Nine Points on Monumentality」에서는 근대건축의
초기에는 다루지 못했던 '공적 가치의 표상civic representation'을
제시하였다. 예술과 건축을 도시에서 종합하자는 것이다. 1968
년 이후 포스트모던 건축이 역사적 건축 요소의 도입으로 과거
의 것을 재현하기 위해 노력했음에도 진실한 감동을 주지는 못

했다.

트라우마를 극복하기 위해 인간은 기념하는지도 모른다. 트라우마의 장면을 추상화한다면 어떨까? 폭발, 폭격, 파편, 폐허, 붕괴, 어둠, 굉음 등 전쟁이나 사고의 장면은 급작스럽게 불안한 상황을 만든다. 1988년 해체주의 전시에서 뉴욕 건축 무대에 등장한 다니엘 리베스킨트는 전쟁의 참상을 파편화된 모습으로 추상화하였다. 비뚤어진 사선, 예각의 공간, 무질서한 창 등은 전쟁의 기억을 낯익지만 낯설게uncanny 보여준다. 마치 전쟁을 체험하는 것 같은 불안감을 유발하고, 잠재되어 있는 전쟁의 낯익은 상황을 낯설게 추상화하여, 전후 독일이 세계를 향해 사죄하는 듯한 윤리적인 제스처로 전쟁의 트라우마를 자기반성하며 공유하는 것이다.

현재의 관점으로 재해석해보면 베를린 유대인박물관은 치유의 역할을 하면서 올바른 역사적 감성을 불러일으키기에 충분한 효과를 자아내고 있다. 리베스킨트는 건물은 목소리들이 속삭

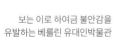

보는 이로 하어금 불안감을
유발하는 베를린 유대인박물관

이는 곳이며, 잘 듣다 보면 구조들이 발언을 하고 때로는 노래까지 부른다고 했다. 건축이 무표정해서는 안 되고 충분히 감정을 만들어야 한다는 것이다. 그는 "건물은 하나의 텍스트로서 의식에 의해서 또한 무의식에 의해서도 해석되어야 한다. 베를린 유대인박물관에서 방문자들은 걸으면서 가둬지고, 불안하며, 불균형적인 상황을 느꼈으면 좋겠다"고 말했다.

아우슈비츠 대학살에서 살아남은 유대인 부모 아래에서 태어난 리베스킨트는 지하실에 몇 년씩 갇혀 있었던 시간, 언제 들킬지 모르는 불안감, 밤에 몰래 나와서 보던 별빛 혹은 쪽창으로 들어오는 가느다란 빛 등에 대해 들었을 것이다. 실제로 베를린 유대인박물관의 보이드 공간들은 위에서 내려오는 빛으로 반기념비적인counter-monumental '기억의 빈 공간Memory Void'을 만들었다. 관람객들은 벽과 빛의 공간만을 느낀다. 또한 조각 ‹떨어진 잎 Fallen Leaves›은 실제로 밟고 지나가면 억울하게 죽은 영혼들의 소리가 들리는 것 같은 처절한 느낌을 준다. 빛만 있던 공간에 영혼들의 소리까지 채워져 공감각적으로 다가오는 것이다.

반기념비적인 형태는 보다 수평적이고 비형상적이어서 구체적인 희생의 장면을 재현하지 않는다. 추상화된 공간과 표현으로 희생의 아픔을 전달하는 것이다. 혹자는 이런 방향에 대해 구체적인 기억을 감추는 것이 아니냐고 비판할 수도 있다. 극단적인 추상은 일반화의 오류의 위험성도 내포하기 때문이다.

그는 트라우마를 공유하기 위해 기념비적인monumental 모습은 최대한 축소하면서, 반기념비적counter-monumental인 모습은 극대화하는 전략을 구사한다. 드레스덴 군사박물관은 1876년에 지어진 건물을 리모델링한 것으로, 30미터 길이의 철과 유리로 된 쐐기wedge 모양의 구조물이 파편처럼 박혀 있다. 이 쐐기는 1945년 연합군의 폭격으로 드레스덴 시민 2만 5000명이 사망한 곳을 가리킨다. 전쟁의 참상과 독일의 반성을 담은 것이

기억의 빈 공간

조각 ‹떨어진 잎›

01 02
　03

01 드레스덴 군사박물관 내부의
기울어진 벽
02 건물로 역사를 증언하는
드레스덴 군사박물관
03 박물관에 박혀 있는 쐐기 부분의
내부

다. 런던과 파리의 군사박물관은 전쟁과 군인 정신에 대해 경의
를 표하는 공간에 가깝지만 이곳은 전쟁의 고통을 증언하는 곳
이다. 리베스킨트는 "나는 이 역사적인 무기고 건물을 관통하는
대담한 변화를 만들고 싶었다. 여기서 건축은 군사력과 조직된
범죄가 독일과 이 도시의 운명과 엮여 있었음을 드러낼 것이다"
고 말했다.

밖에서 쐐기를 보고 들어간 이상, 실내에서도 그 쐐기가 어떻게
공간화되었는지 궁금해진다. 1층에서부터 쐐기 공간의 전시 방
식은 독특하다. 기울어진 벽과 예각의 공간을 이용하여 배치된
전시물은 전쟁의 참상을 보여주기에 충분하며, 위층은 조명을
어둡게 하고 전시 캐비닛도 좁게 만들어 불안한 공간감을 만든
다. 맨 위층에서 무기고 건물 밖으로 돌출된 쐐기의 끝으로 가는
길은 격자 모양의 철골구조로, 아래가 훤히 내려다보여 긴장감
과 폭격지를 향한 역사적 트라우마를 동시에 자극한다.

난징대학살 70주년인 2007년에 재개관한 난징대학살기념관 역시 일본군에 의해 6주 동안 30만 명이 학살된 장소를 기념하고 있다. 2차 세계대전 중 일어난, 복수심에 찬 일본군의 이해할 수 없는 대량 학살이었다. '12초벽'은 12초 만에 한 명이 희생된 것을 12초마다 떨어지는 물방울과 어두워지는 사진으로 형상화하고, 건물의 상부와 연결된 기념 광장에서는 주인 잃은 신발을 가지런히 배치해놓아 그 슬픔을 극대화하고 있다.

난징대학살기념관

시인의 말처럼 죽음은 삶 곁으로, 삶의 안쪽으로 모셔와야 한다. 전범인 일본의 깊은 사과가 촉구되지만 그들의 반응은 독일과 정반대다. 독일의 메르켈 총리는 2013년에 희생자에 대하여 영원한 죄를 짓고 있다며 사죄했다. 트라우마는 이렇게 말과 행동 그리고 공간과 장소로 공유되어야 한다. 그것도 여러 번, 앙금이 말끔히 없어질 때까지. 역사관보다 더 중요한 역사적 감성은 낯익지만 낯설게 만들어진 공간과 장소에서 한 사람 한 사람이 감각으로 역사와 치유를 공유할 때 형성될 것이다.

작은 기념비가 된 주택

전쟁과 여성 인권 박물관
장영철/전숙희

막다른 골목길의 모퉁이에 위치한 원래 건물은, 성북동에 있는 저택들처럼 옹벽을 두르고 계단을 오르면 마당이 나오고 그 위에 집이 있는 전형적인 양옥집이었다. 높은 지대에 위치한 집은 기본적으로 범상해 보이지 않는다. 건축적 관점에서 높게 형성된 기단에 도달함은 일반적으로 옷깃을 여미든지, 주눅이 들든지, 성취감에 흠뻑 젖든지 하는 기분을 불러일으킨다. 박물관으로 명명된 이 건물에서 열리는 전시는 박물관적일 수 있으나, 건축가의 접근은 기념관 내지 추모관에 더 가깝다고 할 수 있다.

건축적 기념비성monumentality은 어디에서 비롯된 걸까? 동서양 건축 역사에서 보면 이는 종교적 배경에서 비롯되었고, 20세기 중반 지크프리트 기디온, 주제프 류이스 세르트 같은 일련의 서구 건축가 사이에서 논의되었다. 또한 나라의 주체성을 유지하기 위한 노력과 더불어 희생당한 사람들에 대한 추모 등에서 강하게 드러난다.

기념비적 건축의 특성은 다양하나, 건축의 기본 요소인 플랫폼의 수평성, 매스의 묵직함, 내부 공간의 독특한 구성이 일반적이다. 전쟁과 여성 인권 박물관에서 눈에 띄는 것은 검정 벽돌의 일관성이다. 이는 피라미드와 파르테논, 인도의 석굴, 거친 콘크리트 건물 등 불투명하고 단일하며 두껍게 보이는 기념비적 형태의 일관성과 유사하다. 건물 매스를 큐브화하면서 전체를 검정 벽돌로 입힌 모습은 무엇인가를 상징하지 않을 수 없다. 검정

하이즈건축사진스튜디오 제공 사진작가 윤준환

전쟁과 여성 인권 박물관

매스의 강한 외관은 주변 주택과 차별되는 진중함을 지닌다. 프랑스의 건축가 에티엔 루이 불레는 어두운 밤에 희미한 달빛에 비치는 칠흑보다 검은 건축의 모습에 정념이 가득하다 하였고, 아돌프 로스는 골목길을 돌아 맞닥뜨리는 무덤에서 경외심을 느낀다 했다. 이 박물관 역시 숭고한 기념비성을 띠고 있다.

반기념비성counter-monumentality은 전통적인 모뉴먼트의 무거운 모습에 대응하는 개념을 지칭하는 것으로, 실제로 수평적이거나 사라지는 기념비적 형태를 지향한다. 관람자가 전통적 모뉴먼트를 보고 기념성을 느끼게 하기보다는 기대했던 무언가가 부재하는 데서 오는 충격을 줌으로써, 부재하는 기념적 현상을 보다 깊이 숙고하게 만드는 측면이 강하다. 집단적으로 바라보게 되는 웅장함보다는 개인적으로 내면화하는 기념성을 강조한

와이즈건축 제공, 사진작가 김두홍

박물관을 감싼 검정 벽돌

다고 할까. 문화인류학적인 원류를 빗대어 본다면, 수평적 집단 행위를 추구하는 문화의 산물이 아닐까 하는 느낌도 떨칠 수 없다. 신전이나 높은 자연물을 대상으로 제사를 지낸 문화도 있는 반면 그저 사람들이 모이는 땅을 기반으로 제사를 지내는 문화도 있다. 그 자리에 무엇을 세우기보다는 모여서 행위하는 자체에 초점을 맞춘 경우다.

기념비적인 그리고 반기념비적인 관점에서, 건축가는 강한 기념비성과 동시에 잔디 마당의 네거티브한 반기념비성을 동시에 형상화하였다. 기존 양옥이 성북동 부잣집 스타일이었다면, 강한 물성이 드러나는 기념비 같은 건물로 탈바꿈하여 피라미드나 파르테논처럼 뚜렷한 기념비성을 드러내고, 잔디밭은 모성 어린 따뜻함으로 변모시켜 반기념비성을 강조한다. 전통적 방법과 현대적 방법의 조합으로, 애초에는 골목을 향해 잔디 위에 동산을 만들어 모성적 대지를 강조하려 했는데 이는 실현되지 못했다. 만일 동산이 만들어졌다면 아래 골목이나 건물 안에서 바깥을 바라보았을 때, 평범하지 않은 동산이 여러 메타포를 강조했을 것이다. 어머니의 젖가슴, 할머니들의 한恨 어린 응어리, 할머니들이 돌아가고 싶어 했던 고향의 뒷동산 등등.

현장 답사 중 작가와의 대화에서 작가는 "장소를 만들었다"는 어찌 보면 평범한 말을 여러 번 되풀이하였다. 그간 와이즈건축의 다른 작업들에서 강조되었던 사람들의 행위와 그 궤적에 대한 탐구는 이곳에서 기념비와 반기념비의 공간과 시간으로 구체화되었다.

전설의 기운이 살아 있는 초현실 지평

스코틀랜드 의회당
엔릭 미라예스/베네데타 타글리아부에

건물은 사라지고, 광장이 생긴다.
-엔릭 미라예스

엔릭 미라예스가 설계에 참여한
산타 카테리나 마켓

스페인 건축가 엔릭 미라예스의 작품을 처음 보는 사람은 정형
화되지 않은 독특한 모습에 충격을 받곤 한다. 도대체 이 사람의
상상력의 끝은 어디일까? 그의 고향 바르셀로나에는 천재 예술
가들이 많았기에 고개를 저절로 끄덕이게 된다. 초현실주의 화
가 살바도르 달리, 후안 미로와 더불어 건축가 안토니오 가우디,
주제프 류이스 세르트, 리카르도 보필 등은 카탈루냐 특유의 문
화를 독특한 건축 언어로 구사한다. 물론 예술과 달리 건축에서

는 기하학적 반복과 변형 등 논리적 메커니즘이 작동하지만, 시대와 장소의 분위기를 저버리지는 못할 것이다.

예술에서의 초현실주의적 성향은 어떻게 설명될까? 산업화와 합리성에 대한 반발로서 집단적 기억과 짓눌림을 개인의 몽환적인 감각에 의해 예술과 글로 재현하는 것이다. 초현실주의의 자동기술법surrealist automatism은 이성이 지배하는 뇌의 움직임을 최대한 제어하면서 감각과 본능에 의존하여, 예술가의 우연적이고 불규칙적인 창조성을 극대화한다. 생각할 겨를조차 없는 움직임을 동경하면서 프로이트의 꿈과 무의식, 잠재적 세계를 탐구하는 것이다.

후안 미로의 그림 속 농장과 카탈루냐식 정원은 카탈루냐 지방의 풍토, 풍경, 식생, 농기구 등을 보여주며 그곳의 익명적 분위기를 미로만의 방식으로 표현하고 있다. 그림 〈농장〉은 미로의 친구 어니스트 헤밍웨이의 집에 전시되어 있으며, 헤밍웨이는 "이 그림은 스페인에 있을 때 느끼는 모든 것을 가지고 있으며, 스페인 밖에서 기억을 더듬어보더라도 스페인의 모든 것을 가지고 있다"며, "그 누구도 이렇게 반대되는 두 감정을 그릴 수 없다"고 평했다. 그만큼 초현실은 현실을 다시 보게 하는 것이다.

후안 미로의 〈농장〉

이런 분위기의 도시에서 자라고 배운 엔릭 미라예스는 스페인에서 시간에 대한 체념의 표현인 '빛과 그림자Sol y Sombra'를 그의 건축적 어휘를 통해 젊은 시절부터 구현해왔다. 그는 대학 시절 스승이었던 라파엘 모네오와 친밀한 관계를 유지하였으며 그로부터 건축과 도시를 동시에 고려하는 디자인 방법론을 배웠다. 모네오가 하버드 디자인 대학원의 학장일 때 미라예스를 하버드에 초청하여 스튜디오 교수로도 활동하게 된다.

미라예스와 전처 카르메 피노스Carme Pinós와의 협업은 디테일에서 차별성을 보인다. 평범한 건축 요소들은 디테일로 색다르게 변형되었다. 물론 그들의 디자인은 예술품처럼 설명되지 않는 부분들이 있지만, 그들이 배우고 구사해온 구법과 디테일에서 의도적 변형을 유도하며 건물과 주변 도시에 색다른 풍경을 자아내었다. 알레한드로 데 라 소타가 설계한 타라고나Tarragona 시청사의 비대칭 정면처럼, 스페인에서 일어난 프랑코 독재에 대한 반발감에서 비롯된 듯한 비대칭적 건축 어휘를 구사하였다. 미라예스의 캐노피도 기둥과 보의 비대칭적인 배열로 되어 있어 보는 이가 다시 한 번 구조에 대해 생각하게 한다.

타라고나 시청사

그는 피노스와 결별하고 미국에서 만난 이탈리아인 베네데타 타글리아부에Benedetta Tagliabue와 작업을 진행하였다. 그들의 작품은 피노스와의 작품과는 다른 결을 지니고 있다. 스코틀랜드 의회당의 경우 미라예스가 초기 디자인에는 참여했지만, 전체 설계는 그가 죽은 뒤 이루어져 타글리아부에의 역할이 적지 않다.

스코틀랜드에는 대관식 때 왕좌의 밑에 놓였던 스콘석Stone of Scone이라는 상징적인 돌이 있다. 스콘석은 스코틀랜드 왕의 대관식에 쓰이다가 이후 잉글랜드, 그레이트 브리튼 왕국에서도 쓰였던 직사각형의 붉은 사암이다. 잉글랜드에서는 대관식 돌 Coronation Stone로 불린다. 각기 다른 기원을 지닌 영국에서 스콘석은 스코틀랜드 사람들의 자부심을 대표하는 상징이다.

13세기 말 이 돌은 잉글랜드에 강탈되어 웨스트민스터 사원으로 옮겨졌는데, 이는 스코틀랜드 사람들에게 치욕적인 일이었다. 1950년 성탄절에 애국심이 남달랐던 스코틀랜드 학생 네 명이 스콘석을 훔쳐서 스코틀랜드로 가져왔으나 결국 경찰에 붙잡히고 돌은 다시 웨스트민스터 사원으로 옮겨졌다. 결국 1996년이 되어서야 이 돌은 스코틀랜드에 돌아왔다. 우리에겐 그저 네모난 돌덩이처럼 보이지만 '거칠음'에 의미를 부여하는 이들의 문화는 세월과 무관한 자연의 힘을 보여준다. 스코틀랜드의 에든버러도 돌과 같은 거친 자연이 압권이다.

스코틀랜드 의회당과 내부

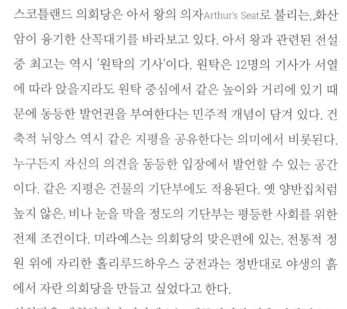

스코틀랜드 의회당은 아서 왕의 의자Arthur's Seat로 불리는, 화산암이 융기한 산꼭대기를 바라보고 있다. 아서 왕과 관련된 전설 중 최고는 역시 '원탁의 기사'이다. 원탁은 12명의 기사가 서열에 따라 앉을지라도 원탁 중심에서 같은 높이와 거리에 있기 때문에 동등한 발언권을 부여한다는 민주적 개념이 담겨 있다. 건축적 뉘앙스 역시 같은 지평을 공유한다는 의미에서 비롯된다. 누구든지 자신의 의견을 동등한 입장에서 발언할 수 있는 공간이다. 같은 지평은 건물의 기단부에도 적용된다. 옛 양반집처럼 높지 않은, 비나 눈을 막을 정도의 기단부는 평등한 사회를 위한 전제 조건이다. 미라예스는 의회당의 맞은편에 있는, 전통적 정원 위에 자리한 홀리루드하우스 궁전과는 정반대로 야생의 흙에서 자란 의회당을 만들고 싶었다고 한다.

의회당 정원과 대비되는
홀리루드하우스 궁전의 정원

의회당을 계획하면서 미라예스는 에든버러의 땅을 다방면으로 해석하고 건물에 민주적 의미를 부여하는 데 중점을 뒀다. 여러 부족의 결합으로 만들어진 스코틀랜드에서 목초가 흩어져 있고 화산암이 융기되어 있는 풍경은 나라가 만들어졌을 때와 크게 다르지 않으며, 이 전설 같은 풍경이 의회당의 기초가 되었다. 내가 존재하기 전에 만들어진 땅과 내가 있을 때 만들어진 건물이 다르지만 같은 기운을 지니고 있다면, 이 땅은 무엇을 공유하

는가 하는 의문이 들 것이다. 영겁의 시간과 현재에서 현실과 초
현실은 서로를 도우며 응축된 시간을 느끼게 하여, 사람들로 하
여금 현재를 영위하게 하고 있는 듯하다.

포용의 의미를 지닌, 최소의 건축

1972년 프루트 이고 폭파 해체 장면

미니멀리즘minimalism은 '최소주의'로 번역하면 그 의미가 잘 전달되지 않는다. 역사적 뉘앙스가 느껴지지 않기 때문이다. 또한 미니멀리즘이 장식과 구상을 줄이자는 모토가 대두된 이후 하나의 명확한 양식으로 자리 잡고 있기 때문이기도 하다.

미니멀리즘의 등장 이전에 건축계에서는 카렐 타이게가 쓴 『최소의 주거The Minimum Dwelling』가 1932년에 출간된 후, 4인 가족을 기준으로 주거 공간의 최소 규모 기준이 마련되어 공동주택과 단독주택이 만들어졌다.

미국에서 2차 세계대전 전후에 만들어진 많은 공동주택은 지금도 부수고 다시 짓고 있다. 근대건축의 실패라고 일컬어지는 프루트 이고Pruitt-Igoe 아파트의 폭파 이유는 스타일의 문제라기보다는 주택 경기 저하, 인종차별적인 단지 배치, 개개 유닛의 작은 공간, 빈민화에 따른 것으로, 기본적으로 가족이 들어가 살 수 있는 쾌적한 환경이 되지 못했기 때문이다. 침실과 화장실은 비좁고, 넓은 공간을 쓰는 미국 가정의 일반적인 생활 방식과 맞지 않는 평면도 그 이유이다. 지금 생각해보면 어떻게 저렇게 비좁은 데서 살았나 싶을 정도다. 물론 표준화되어 있는 공동주택이 그 이전의 주거 형태보다는 진보한 것은 틀림없다.

아파트 광풍의 위력 아래 우리가 사는 집은 부를 축적하는 수단으로 여겨지고 있다. 이런 상황에 집의 형태나 평면보다 중요한 것은 위치이다. 학군이 좋지 않은 지역의 큰 집보다 학군이 좋은 지역의 작은 집이 더 비싼 건 누구나 알고 있는 사실이다. 이런 상황은 건축가도 두 그룹으로 갈라놓는다. 아파트 단지를 설계하는 사업형 건축가 그룹과 작은 대지의 건물을 설계하는 아틀리에형 건축가 그룹이 그것이다. 이처럼 건축 비즈니스는 두 가지 유형으로 양분되어 도시를 만들고 있다. 그러나 때때로 무미건조한 아파트에 변화를 주기 위해 아틀리에형 건축가에게 아파트 단지 설계를 맡기기도 한다.

정영한 건축가가 2013년부터 기획하고 있는 '최소의 집' 전시는 작은 집의 설계안을 소개한다. 작은 집을 주거의 요구와 대지의 특성과 맞게 설계한, 각 건축가의 해결책을 공유한 전시다. 최소의 의미는 '크지 않은' 정도의 의미로 그 뉘앙스는 넘치지 않고 소박하며 간절하다는 뜻이다. 집을 부동산으로 보기보다는 한 가족이 온전히 살며 서로 나눌 수 있는 공간으로 보는 것이다.

'최소'를 주제로 새로운 주거 모델을
제안하는 '최소의 집' 전시

승효상 건축가가 주장하는 '빈자의 미학'과 '최소의 집'을 어떻게 견줘볼 수 있을까? 빈자와 미학은 상충되는 말로서 그 상충성 때문에 건축가의 진의는 지금까지도 논의 중이다. 그러나 승효상이 의미하는 빈자는 실제로 가난한 사람이 아닌, 세상의 발전과 다른 가치를 추구하기 위해 가난해질 용기가 있는 사람으로 볼 수 있다. 자본의 관점으로 공간을 보는 입장과 다른 가치를 좇는 건축가 그룹은 우리에게 알려진 몇몇 이들로 정리될 수 있다. 보통 네덜란드인들은 거래에 능숙한 듯 보이지만 알도 반 에

이크Aldo Van Eyck 같은 예외도 있다. 반 에이크는 쥐rat 같은 건축가·예술가와 그레이트 갱great gang과 같은 소위 강단 있는 건축가를 구분한 적이 있다. 그의 분류에 따르면 프랭크 로이드 라이트와 같이 대도시에 잘 가지 않고 큰 건물 설계에 연연하지 않는 건축가는 그레이트 갱이라 할 수 있다. 몬드리안처럼 고집스럽게 자연현상을 절대 추상화한 예술가도 마찬가지다. 물론 반 에이크는 우리가 잘 알지 못하는 건축가, 예술가와 관련된 에피소드도 많이 알고 있기에 이런 표현을 할 수 있었을 것이다. 한편 권력과 자본의 노예가 되어 프로젝트를 쫓아다니며 건물마다 스타일을 달리하는 건축가는 쥐와 같은 부류로 분류했다.

도시에 살며, 타협하지 않는 자세로 세계적인 영향력을 끼치는 건축가를 종종 볼 수 있다. 더 이상 부자를 위한 건축은 하지 않겠다고 선언한 일본 건축가 반 시게루, 학교와 박물관 등을 통해 오래된 중국 문화를 계승하는 중국 건축가 왕수, 가난한 사람들에게 개조의 가능성을 열어둔 집을 선사한 칠레 건축가 알레한드로 아라베나, 루럴 스튜디오Rural Studio라는 학교 수업을 통해 가난한 이들의 커뮤니티 공간을 만들어온 사무엘 모카비 교수, 기존의 폐시설을 새로운 커뮤니티 공간으로 탈바꿈시키는 어셈블 스튜디오 등이 해당한다.

상위 1퍼센트도 안 되는 슈퍼 리치들이 세계경제를 주무르는 현대사회에서 야인野人 같은 자세를 취하는 이런 건축가들의 작품의 변화와 행보에서 보이는 것은, 건축이 심미적으로 향유되는 대상 및 실제 생활에서의 물질적 공유를 넘어서서 정신적 공유까지 추구한다는 점이다.

최소의 집 전시는 빈자, 은둔자, 아이 없는 가족, 반려동물이 있는 집, 아이 있는 평범한 가정, 은퇴한 부부까지 여러 대상을 아울렀다. 작지만 아파트와 집장사 집과는 다르게 맞춤형으로 만들어진 생활 공간을 추구하는 집들이었다. 공통점은 허세가 없

왕수의 닝보 박물관. 왕수는 옛 재료를 쓰고 사라져가는 건축 구법構法을 살리며, 상전벽해처럼 바뀌는 중국의 변화와 반대의 길을 걷고 있다.

다는 점이다. 미학을 강요하는 공간이라기보다는 단출한 모습
으로 집 안팎에서 생활이 읽히는 집들이다. 친한 이들이 손쉽게
찾아올 수 있는 집, 작은 집이지만 땅을 밟을 수 있는 한 평의 마
당이라도 있는 집, 집 안에서 공간 경험을 극대화하는 집 등이다.

건축물은 심성을 변화시키는 특별한 능력이 있습니다. 공간이
인간을 사유케 하고 그래서 좋은 공간에 살면 좋은 사람이 되고
나쁜 공간에 살면 나쁜 사람이 되겠지요. 수도하는 사람이 암자
를 찾는 것도 작고 검박한 공간이 자신을 바꿔줄 것이라는 생각
에서 비롯된 행동이거든요.
- 승효상, 《서울신문》 인터뷰, 2013년 1월 3일

예전엔 짓는 것만 신경 썼는데 요즘엔 건물도 '잠재적 폐기물'이
란 생각을 하게 돼요. 허무는 순간 거대한 쓰레기 더미가 되니까
요. 오래가는 건물을 짓는 게 미래 세대를 위한 건축가의 책무라
봅니다.
- 김인철, 《조선일보》 인터뷰, 2016년 1월 12일

집은 인문학적인 겁니다. 사회적 현상과 환경의 변화를 반영하
는 동시에 그 나라의 문화를 반영하고 있죠. 따라서 집을 보면
그 나라의 문화를 알 수 있어요. 이제는 집에 대해 새로운 정의
를 해야 할 때가 아닌가 생각합니다.
- 정영한, 한국경제 매거진 《MONEY》 인터뷰, 2014년 5월

승효상의 '비움', 김인철의 '없음', 정영한의 '최소'에 대한 강변
은 사유의 시작과 뉘앙스는 다르지만 크게 보면 불필요한 재화
를 사들이는 데 돈을 쓰지 말자는 이야기이다. 물론 가지고 싶은
차, 입고 싶은 스타일의 옷이나 장식품, 공간을 장식하는 적절한

골동품도 무리해서 살 수 있다. 그러나 공간 구성에서 서로 소통하지 못하거나 이와 반대로 은자의 칩거를 위해 완벽히 닫지 못하는, 별다른 감흥을 주지 못하는 공간을 기피하는 것이다.

건축가는 건축 작품을 생산해내는 인력 시스템과 협력을 유지하기 위해 고군분투하고 있다. 그러나 아틀리에형 건축가가 생각하는 가치는 사업형 설계에서는 유지할 수 없으므로, 이윤보다는 공간 구성에 치중하는 것이다.

'최소의 집' 전시의 의미는 무엇일까? 6개월마다 세 명의 건축가가 새로운 작업을 가지고 등장한다. 그 새로움은 건축 잡지의 표지를 장식하는 것이기보다는 사는 방식에 대해 진실한 해결책을 던지는 건축가의 표현이다. 말로 다 설명되지 않는 한 존재의 시간을 잠깐 담아두는 집을, 건축가가 그 존재의 페르소나를 증폭시키기 위해 만드는 공간의 묘미를 같이 공유하고자 하는 것이다. 이쯤 되면 최소의 의미는 잠재적이다. 비움과 없음이 약간은 강박적인 멘트라면, '최소'의 의미는 '최대'의 반대가 아닌 포용적인 의미이다. 2010년대의 건축가들이 소박하게 주장하는, 스며드는 매니페스토 말이다.

최근 신생 기업들이 새로운 상품을 오픈 소스로 공개하는 것이 세계적 추세이고 칠레 건축가 아라베나의 절반의 집에서 집의 틀을 건축가가 디자인하고 나머지 부분을 집주인이 만든 것처럼, 박공형의 DIY 하우스를 프로토타입화하는 것이다. 많은 건축가들이 프로토타입, 즉 반복 가능한 원형原型에 대한 아이디어를 내왔지만 기술 투자 비용과 보급의 한계 때문에 번번이 좌절되었다. 도시에 살면서도 주말에 도시를 벗어나는 삶이 확산되며, 유지·관리가 편한 작은 집이 선호되는 경향 속에서 이런 최소의 집도 가능하리라 본다. 단순히 '1억으로 집 짓기'와 같은 화두가 아니라 집을 건설할 때 건축가의 아이디어와 집주인의 적극적 개입을 통해 모두가 적정성을 추구하는 최선의 대안이야말로 최소의 집이 아닐까 한다. 최소의 집은 미학이기 전에 미학을 잉태하고 그 미학이 건물로 구현되는 시스템을 건강하게 만든다. 또한 건축가의 매니메스토로 남는 데서 그치지 않고 집에서 사는 대다수 익명의 공간 주권을 회복시켜주는 계기가 될 수 있다.

chapter 6. 자연

착생의 가능성 킨타 몬로이, 빌라 베르데

자연을 돕는 건축 호수로 가는 집, 숲에 앉은 집

인공과 자연의 혼재 원 센트럴 파크

자연 분위기 담기 발스 온천장, 클라우스 경당

인프라 위의 자연 당인리 화력발전소

자연 회복의 기지 마포 문화비축기지

강의 재자연화

착생 건축의 가능성

킨타 몬로이, 빌라 베르데
알레한드로 아라베나

흔히 보리수 하면 석가모니를 떠올린다. 학명은 다양하지만 보리수나 바니안나무banyan tree는 열대지방 식물의 특징을 지닌 착생식물로 분류된다. '착생着生'이란 말은 생소하지만 국립현대미술관 서울관 지하에 전시되었던 캐나다 건축가 필립스 비즐리Phillips Beesely의 인터랙티브한 작품의 제목이 '착생 공간 Epiphyte Chamber'이었음을 돌이켜보면, 영화 ‹아바타›에 나온 생명의 나무와 같은 모습을 떠올릴 수 있다. 식물과 아바타가 접속하여 에너지를 얻는 모습은 생명의 나무, 즉 보리수의 성장 과정을 모방한 것과 같다.

'착생'의 사전적 의미는 '생물이 다른 물체에 붙어서 삶 또는 그런 상태'이며, '착생식물'은 '기근이 노출되어 수분과 양분을 공기 중에서 흡수하며 자라는 식물'이다. 착생식물은 착생근이라는 짧은 뿌리로 착생 대상의 표면에 밀착하거나 혹은 갈라져 있는 좁은 틈새 사이로 스며들어 양분을 얻는다. 일정한 자연환경만 갖춰지면 지표면뿐 아니라 기존 식물체의 표피에 뿌리를 내리게 된다. 보리수와 바니안나무는 씨앗이 나무에 달라붙어 그 나무를 옴짝달싹하지 못하게 감싸면서 위아래로 자라 결국은 나무를 죽이고 만다.

시간이 흘러 죽은 나무는 속이 텅 빈 보리수가 된다. 빈 공간에는 열대의 햇볕을 피해 동물들이 보금자리를 틀곤 한다. 원숭이, 다람쥐, 새 등이 이 공간에서 살며 에너지를 얻는다. 영화 ‹아바타〉에 등장하는 생명의 나무는 이런 아이디어에서 비롯되었고, 식물과 동물을 서로 연결시키는 나무로 등장했다. 보리수 씨앗의 착생 과정은 나무 한 그루의 희생으로 이루어지는 동식물의 새로운 생태계 형성을 보여준다.

착생의 개념을 건축에 가져오면, 착생 건축은 기존의 건축물 혹은 인프라스트럭처에 새로운 건축 개체를 추가하여, 기존 개체와의 공생 효과를 유도하는 건축이다. 비어 있는 땅뿐 아니라 건물과 건물 사이의 틈, 기존 건축물의 상부, 그리고 필요에 따라 기존 건축물의 벽면까지 새로운 건축 개체가 착생할 수 있는 범위는 다양하다.

착생 건축이라 명명되기 전에도 비슷한 건축 형태는 존재해왔다. 피렌체 아르노강의 베키오 다리는 1345년 이탈리아의 건축가 타데오 가디의 설계로 완공되었다. 이 다리는 처음 계획되었을 때부터 다리 양쪽에 건물을 배치하였고, 이를 정육점 주인 및 무두장이들에게 임대하여 건설비를 마련하였다. 그리고 다리가 건설된 이후 그 위에 추가 공간이 지속적으로 착생된 모습을 보여주고 있다. 1565년 당시 피렌체의 통치자였던 코시모 메디치의 지시에 따라 우피치 궁전과 베키오 궁전을 잇는 바사리 회

다양한 공간이 착생된 베키오 다리

랑Vasari's Corridor이, 17세기에는 새로운 상점retrobotteghe들이 기존의 상점 뒤편에 착생되었다. 이 착생된 형태는 오늘날 베키오 다리만의 독특한 아이덴티티를 형성하고 있다.

한국도 이와 다르지 않다. 다세대주택의 옥탑방, 한옥 위에 지어진 양옥 등이 유사한 사례다. 이제는 사라진 홍콩의 구룡성채나 건설이 중단된 초고층 빌딩 구조에 사람들이 들어가 사는 베네수엘라의 토레 데 다비드Torre de David 같은 해외 사례들은 도시의 물리적 환경이 점차 늘어나는 여러 요구를 수용하지 못하게 되면서, 이를 만족시키기 위한 새로운 건축 개체들이 기형적으로 착생된 것들이다. 2012년 프리츠커상을 받은 중국 건축가 왕수의 작업부터 지역적인 건축적 노력과 건축을 만들어가는 메커니즘에 대한 재정의를 해가는 작업이 세계적으로 인정받기 시작했다. 왕수는 지역 장인들로부터 계승한 건축 방식을 현대 건축에 적용함으로써, 무한 개발로 상징되는 중국의 건설 상황을 비판하는 작업을 보여주었다. 아틀리에형 건축가가 세계의 건축 상황을 향해 던지는 보석 같은 메시지였다.

홍콩의 구룡성채

연장선상에서 2016년 프리츠커상은 저소득층의 주거에 새로운 해법을 제시한 칠레의 건축가 알레한드로 아라베나Alejandro Aravena가 수상하였다. 같은 해 베니스 비엔날레의 총감독으로 선임된 아라베나는 '전선에서 알리다Reporting from the Front'를 주제로 제도화에 맞서 정신적 가치를 수호하는 전 세계의 건축적 투쟁을 모아서 보여주는 전시를 기획했다.

베네수엘라의 토레 데 다비드

아라베나의 작업은 저소득층 주거 건축에서 명확히 드러난다. 킨타 몬로이Quinta Monroy는 1만 달러의 예산으로 빈민층을 위해 만든 주택으로, 이 건축물이 지어지기 이전에 지역 주민들은 기존의 불법 건물 위에 또 다른 건축 개체를 불법적으로 증축하며 살아왔다. 아라베나가 주민들의 의견을 수렴할 때, 그들은 새로이 추가될 건축 공간을 지탱하는 튼튼한 벽 구조체를 요구했다.

그들은 부잣집과 빈민 거주지가 혼재하는 상황이 아닌, 완전하진 않지만 로우 테크low-tech만을 적용해 적절한 주택을 설계하는 전략을 취했다. 화장실 등 기술적 해결이 필요한 공간을 지어준 뒤, 나머지 빈 공간에 주민들이 각자 필요로 하는 기능을 각자의 건축 개체로 보완해나가게 함으로써 최소 비용으로 빈민층을 위한 주택의 틀을 만들었다 할 수 있다. 1만 달러짜리 집은 가구당 750달러 상당의 추가 비용을 들여서 늘어난 공간까지 법적으로 인정받아 현재는 2만 달러 상당의 가치를 지닌 집이 되었다. 비록 단조로운 유닛이 반복된 까닭에 건축적으로는 지루하지만 자유자재로 덧붙여진 유닛들의 모습은 '건축가 없는 건축'의 착생 건축과 크게 다르지 않다.

보다 더 많은 예산으로 진행된 빌라 베르데Villa Verde는 칠레 정부에서 제공하는 2만 5000달러에서 4만 달러 수준의 주택으로, 사용자의 필요에 따라 집이 증축되는 프로그램을 더욱 안전한 건축적 방법으로 유도하는 거주지를 발전시켰다. 다른 건축가와 달리 아라베나의 작업은 형태와 공간이 아니라, 집이 마치 보리수처럼 자랄 수 있도록 설계하는 데 초점이 맞춰져 있다. 좋은 공간을 미리 마련해주는 것도 건축가의 역량이지만, 집이 자랄 수 있도록 필수적인 뼈대를 제공하고 이 집에 사는 사람이 바꿀 가능성을 열어두는 것도 상황에 따라 필요할 수 있다.

착생 건축이 제시하는 보완의 논리는 기존의 개발 논리보다 환경 파괴와 경제적 부담의 위험이 적다. 기존의 것을 보존하고 가꾸어나가는 '창조적인 구축적 보존'은 다양한 개체들의 공존과 그들의 차이를 인정하는 현대 사회에서, 오늘날 건축의 사회적 지속 가능성을 지향한다.

인류 역사보다 더 오래 살아남은 나무들이 많다. 나무는 기능과 형태, 존재와 주변, 목적과 결과 등 이분법적인 문제에 의연하다. 나무가 말이 없는 것처럼 건축도 그처럼 묵묵해질 수 있을까. 그저 알아주는 이들이 찬사 어린 눈빛을 보낼 뿐. 아라베나의 건축이 과연 보리수처럼 될 수 있을지, 아니면 다른 보리수를 위해 희생할지 오랜 시간을 두고 지켜보려 한다.

자연을 돕는 건물의 모습

호수로 가는 집, 숲에 앉은 집
김인철

산과 숲, 집과 마을이 조금씩 비켜서면
모두 하나가 될 수 있다.
- 김인철

김인철의 주택 설계 연작에서는 대지와 투쟁한 궤적을 엿볼 수 있다. 김인철이 설계한 주택 대지들의 특성은 지형과 건축의 접점을 드러내나, 대지의 역사가 중요하거나 보존해야 할 유적 등이 있는 곳은 아직 없었다. 국토의 70퍼센트가 산인 우리나라의 마을이나 절 등은 대부분 산과 산 사이, 지형이 바뀌는 교차점과 평지에 둥지를 틀고 있다. 신령한 곳은 비교적 깊거나 높거나 사이에 가려진 곳에 자리 잡고 있기 때문이다. 이런 내밀한 구조는 광장이 중심이 되는 서양과 다르다고 이해하면 더 쉽다. 특히 일본 건축가 마키 후미히코의 해석이 제일 유용하다. 마키가 논하는 깊은 공간deep space은 깊은 대지에서 가능하다. 공교롭게도 부채꼴 모양의 올림픽 선수촌 아파트 단지를 설계한 재미 건축가 우규승도 한국의 지형적 특징을 내밀성이라 규정한 바 있다. 내밀한 지형적 구조, 그 자체에 김인철의 해석도 자리하고 있다. 대지의 숨은 이야기를 알고자 하는 자세, 지세地勢의 힘을 알고자 하는 자세 등에서 비롯된 건축가와 대지의 관계는 끝없이 서로를 숨기는 묘미가 있다. 김인철의 집들은 내밀한 지형에 자리 잡고 있다. 호수로 가는 집은 절경의 바닥에 있고, 마당 안 숲은

01　02
03　04

01 02 호수로 가는 집
03 04 숲에 앉은 집

급경사에 있으며, 오르는 집은 표고標高 차 15미터의 대지에 위
치한다. 숲에 앉은 집도 마을 끝자락에서 제일 높은 곳에 서 있
다. 아래로든 위로든 모두 깊숙하며 땅 그늘의 영향을 많이 받는
곳에 있다. 내밀한 곳에 자연스러운 집을 인공적으로 지은 것이
다. 그 결과 집들은 스스로 음영을 드리우고 있다. 내밀한 곳에
서의 음영은 밝은 곳에서의 그것과는 사뭇 다르다. 원경은 밝으
나 집은 밝지 않은 곳에 서 있고 더 어두운 곳이 나의 뒤를 받치
고 있는 형국이다. 비탈진 지형에 자리 잡은 옛 마을이나 절터에
서 느끼는 공간의 빛이 재현된 느낌이다.

김인철의 대지 해석은 물리적으로는 지형 그 자체의 변화에 대
한 것이지만 대지를 둘러싸는 환경, 즉 안대案帶에 의해 형성되
는 경계가 만들어내는 내밀한 구조에 초점이 있다 할 수 있다.
대지는 주택들의 매스를 배치하는 캔버스처럼 이용되곤 한다.
지형을 공간적으로 활용하며 주택을 위한 플랫폼을 만들고 집
을 세웠지만, 무언가 부족하다고 느껴지는 까닭은 생활이 이루
어지는 마당의 사용이 읽히지 않기 때문이다. 이처럼 자연적으
로 자라난 식물과 장식이 없는 노출 콘크리트 벽의 대조는 구체

적으로 디자인되어 있지 않은 결과이다.

김인철이『공간열기』에서 예로 든 우리 전통 건축과 지형의 관계에서도 건축적 요소뿐만 아니라 잘 가꾼 정원과 거친 자연 등 외부적 요소가 어우러져 공간과 대지의 다변화를 이루고 있다. 대지의 경사 같은 물리적 측면이 집을 앉히기 위해 고려되었다면, 대지 자체의 지속성도 동시에 참작돼야 할 것이다. 지속성에 대한 고려는 집으로의 진입을 가능하게 하는 마당, 가꿈의 대상이 되는 정원, 간단한 여가 활동을 즐길 수 있는 마당, 반찬거리를 기를 수 있는 텃밭 등을 마련함으로써 가능하다.

주택의 평면 구조에 관한 논의는, 대지의 이용 및 실내에서 외부로 조망할 때 느껴지는 공간의 깊이와 밀접한 관련이 있다. 현대의 많은 건축가들이 전통 건축과 비슷한 홑집 구조로 주택을 설계하면서 가능한 한 실외로 접하는 창을 많이 만들고 있다. 김인철의 주택 역시 예외는 아니다. 목구조의 전통 가옥부터 시작해, 고사성어 북창삼우北窓三友 역시 남쪽 출입구의 맞은편 창을 선비들이 내다보며 거문고, 술, 시를 즐긴 홑집에서 유래했다. 홑집은 개인적인 공간을 확보해준다는 점에서 겹집보다 우수하다.

김인철의 작품에 반영된 홑집 구조

그러나 홑집에서는 내밀한 실내 구조로 인해 외부로 향하는 시선이 부재하며, 동시에 원경의 자연을 향한 깊은 시선을 형성하지 못한다. 깊은 시선은 실내의 공간을 통하여 외부로 형성되는 것으로, 실내 공간의 구성과 동시에 원경이 보이게 하는 기법이다. 이는 근대건축 거장들의 작품에서 다수 발견되며, 실내 공간 디자인과 원경을 위한 프레임을 동시에 디자인하는 방식이다. 앞으로 김인철의 작업에서 겹집과 같은 깊은 공간을 통한 내밀한 구조의 형성으로 실내 및 실외 공간의 연계성에서 다른 차원의 공간적 현상이 도출되길 기대해본다.

김인철의 건축은 지형의 해석에서 서사성과 '장소의 혼'이라는 지역적 관점도 배제하고, 대지의 현실적이고 물리적인 요소에 충실하며 자연과의 상생을 추구한다. 또한 현재 한국의 지형을 시각적, 윤리적으로 이해하며 조선 시대 이후 회화에서 다루어진 다면적인 모습을 자연적 상황으로 규정한다. 이렇게 함으로써 내밀한 구조의 대지에서 자연과 건축이 서로 상보하는 효과를 극대화시키는 것이다. 그의 의도가 십분 발휘된다면, 건축주가 건축과 지형의 관계에서 삶의 방식을 자연화할 것이다.

자연에 위치한 집은 손이 많이 간다. 계절에 따라 채비를 해야 하고, 집 안팎으로 유지·관리해야 할 일이 많기 때문이다. 김인철의 건축이 이러한 생활을 용이하게 하고 정신 생활의 격格 또한 높여줄 때 건축과 지형, 자연의 관계는 상보적으로 공존하며, 건축과 자연이 지속적으로 유지될 수 있다.

인공과 자연의 혼재

원 센트럴 파크
장 누벨

건축가 장 누벨Jean Nouvel은 신기한 인물이다. 그는 모든 것의 경계를 추구하는 건축가이기 때문이다. 양자택일의 선택에서 그는 양극단을 함께 끌고 가는 전략을 취한다. 찰나의 이쪽과 저쪽을 건축으로 기록하는 장 누벨은 재료의 투명성뿐만 아니라 불투명성도 선호한다. 자연과 문화, 새로움과 낯익음, 낮과 밤 등을 동시에 표현한다. 그의 건축적 방향에는 건물 내·외부를 통한 시선의 교차와 재료에 대한 탐닉이 내재해 있다. 장 누벨의 건축에 대해서는 여러 해석이 가능하나, 여기서는 특히 최근 그가 관심을 보이는 자연현상에 집중하려 한다.

근대건축을 혐오하는 영국의 찰스 황태자는 세인트 폴 대성당을 마주 보고 있는 장 누벨의 원 뉴 체인지One New Change 건물의 디벨로퍼에게 누벨의 디자인을 채택하지 말기를 종용했다고 한다. 그러나 누벨은 17세기 영국 거리의 복잡함을 한 건물 안에 담고자 했고, 결과적으로 현대적 건물이지만 세인트 폴 대성당을 향하는 강력한 시각적 축을 형성하였다. 런던의 시각 축 보전에 대한 좋은 해석이라 본다.

이렇게 도시적 맥락을 지키는 장 누벨의 건축에서도 자연은 계속 탐닉되고 있으며, 다른 누구의 건축에서보다도 자연현상이 렌더링에 많이 등장하고 있다. 카르티에 재단 건물의 조경을 담당한 파트리크 블랑Patrick Blanc의 식물의 벽Plant Wall 작업은 장 누벨의 건축 개념인 투명성과 어우러져 조경을 낯설게 바라보

카르티에 재단 건물의 출입구

게 한다. 카르티에 재단 건물은 1823년 시인 샤토브리앙이 받은, 레바논에서 온 백양나무를 건물 앞에 심었고 나무와 식물이 우거진 벽과 건물의 파사드는 녹음과 투명, 반사의 공간을 만들고 있다.

당신이 건축가에게 주문할 때, 일련의 것에 관한 많은 질문을 하게 됩니다. 거기에는 말해지지 않는 것도 있을 것입니다. 말해지지 않는 것의 영역에 속하는 부분이 늘 있게 되는데, 그것은 게임의 일부를 이룹니다. 이 말해지지 않는 것은 윤리적 차원에서 보면 경제적 개념과 대응되는 어떤 것입니다. 하지만 그것은 무엇인가 매우 중요한 것입니다.

- 장 누벨

누벨은 존재가 고착되지 않고 규정되지 않는 찰나와 변화 및 생성의 중간적 상태를 지향한다. 자연을 가두지 않고 20~30년 앞을 내다보며 놓아두는 접근과 그를 세계적인 스타 건축가로 만든 아랍문화원의 빛 조절 조리개의 일사불란한 작동은 크게 다르지 않다. 자연이 무쌍하게 변화하듯 아랍문화원의 벽 패널도 수시로 변하는 자연의 빛을 더 부각한다.

그가 생각하는 자연은 자연과 문화로 나누어지는 패러다임에서

아랍문화원

의 자연일까 아니면 더 깊은 차원의 자연일까? 케브랑리 박물관
에서 그가 주장하는 키워드는 '존재-비존재 또는 선택적인 비물
질화Presence-Absence or Selective Dematerialisation'이다. 건물은 굉
장히 거칠어 보이며 매스와 벽은 마치 아프리카 조각처럼 세련
되지 않은데 사실은 하이테크가 적용되었으며, 낮은 건물의 상
업적 모습이 숲의 한복판에 벽을 열고 있는 것 같은 인상이다.
때로는 투명하며 때로는 불투명한 오브제가 야생의 자연에 있
는 듯한 모양새이다.

흔히 일본 정원에서 볼 수 있는 인공적 자연미와 사람의 손을 거
친 분재의 매력이 자연과 인공 자연 사이에 있다면, 자연에 대한
장 누벨의 생각은 자연과 서브 네이처Sub-Nature, 즉 자연을 구성
하는 눈에 잘 띄지 않는 내부의 작용에 있는 듯하다.

서브 네이처는 우리가 알고 있는 태양, 구름, 나무, 바람과 같은
자연과는 다르다. 주창자 데이비드 기슨David Gissen에 따르면
서브 네이처는 건축물을 만들고 유지하는 데 위협이 되는 자연
현상들이다. 끊임없는 풍화작용, 습기의 공격, 쌓이는 먼지, 잔
디에 박히는 잡초, 새와 곤충 들의 잠입과 그 배설물, 도시를 뒤
덮는 미세먼지 등이 해당한다. 온전한 건축 환경을 위협하는 것

원 센트럴 파크

이다.

자연의 찰나적 순간을 포착하는 장 누벨의 건축은 자연의 시각
화를 넘어서서 자연의 생성과 위협적인 측면까지 포함할까? 아
직은 아니지만 작품집과 스케치에서 드러나는 자연현상에 대한
그의 탐닉은 다음 단계의 건축에 도달하는 것이 멀지 않았음을
짐작하게 한다. 호주에 지은 원 센트럴 파크One Central Park는 고
층 건물의 벽면 수직 정원과 더불어 태양광을 모아서 전달하는
헬리오스탯Heliostat[1]이 저층부에 설치되어 낮에는 모터 달린 거
울로 햇빛을 좇아 아래의 정원에 반사해주고, 밤에는 장 누벨과
오랫동안 협업해온 조명 예술가 얀 케르살레Yann Kersalé가 설치
한 LED 조명 공연이 밤하늘을 배경으로 펼쳐진다. 낮에는 인공
햇빛을, 밤에는 인공 별빛을 극대화하여 즐기는 것이다. 여기서
하늘은 곧 무대다.

어찌 보면 장 누벨은 하이 컬처High-Culture와 하이 네이처High-
Nature를 동시에 구가하는 듯하다. 자연의 아름다움만을 극대화
함으로써 말이다. 그러나 우리 입맛에 달콤하기만 한 자연이 있
을까? 장 누벨은 과연 인공 자연에 접근했는가? 아마 불가능할
것이다. 그러나 어느 건축가보다도 그는 건물을 자연의 위협에
놓고자 하며 자연이 주는 수혜를 극대화한다. 자연으로부터 보
호되면서도 자연에 놓인 듯, 반사율을 낮춘 엔지니어링된 유리

1
헬리오스탯
태양광을 반사해 일정한 방향으로
보내는 일광 반사 장치

면으로 경계를 만든다. 경계에 빛을 산란시키며 보는 사람으로
하여금 환영을 경험하게 하는 장 누벨의 수법은 인공과 자연을
혼재시켜 자연의 숨겨진 순간을 드러내고자 한다.

흙과 같은 자연적 분위기

발스 온천장, 클라우스 경당
페터 춤토어

분위기는 나의 스타일이다.
-윌리엄 터너

춤토어는 야인野人 같은 건축가다. 어렸을 때 목재 캐비닛공으로 숙련한 후 건축가로 성장한 특이한 이력을 지니고 있다. 1990년대 후반 고향 인근에 설계한 스위스 발스Vals의 온천장 Thermal Bath으로 세상에 알려졌으며, 오스트리아 브레겐츠의 쿤스트하우스Kunsthaus 역시 동굴 같은 온천장과 정반대의 이미지로 건축적 의미를 전했다.

발스의 온천장

춤토어는 독일어권 스위스 출신으로 90년대 이후 스위스 미니멀리즘의 한 축을 형성하고 있다. 이들은 알파인 아키텍처Alpine Architecture의 전통을 공유한다. 유럽에서 알프스는 건축뿐 아니라 미술과 문학에 먼저 영감을 주었다. 영국의 예술 및 건축 비평가인 존 러스킨이 '모던 페인터'라 칭한 윌리엄 터너William Turner는 회화의 역사에서 인상주의의 전조가 되며, 알프스의 구상적 장면을 분위기를 강조하는 추상으로 그린 대표적인 화가다. 터너는 비바람이 치는 장면이나 밤 기차가 오는 장면 등 형체가 명확히 보이지는 않지만 알프스의 분위기를 잘 살린 그림들을 내놓았다. 알프스의 거대한 장관 앞에 아주 작은 존재인 사람들의 모습을 함께 그렸는데, 자연의 숭고미 앞에서의 인간의 나약함이 고스란히 표현되어 있다.

브레겐츠의 쿤스트하우스

존 러스킨은 터너의 자연 묘사가 자연경관을 미적으로만 느끼면서 자연의 힘과 분위기를 드러내는 것이라며 『현대 화가들 Modern Painters』이란 책의 주제로 삼았다. 러스킨이 원하던 것은 무엇이었을까? 산업혁명이 유럽을 휩쓸며 알프스 산기슭에도 공장과 철로가 놓일 시점에, 자연의 숭고미를 회화로 묘사하는 터너의 작업은 회화의 전통을 계승하는 동시에 아방가르드로 비춰졌을 것이다. 러스킨의 자연에 대한 관심은 숭고미의 추구를 넘어서서 기상학이나 지질학과 같은 과학적인 영역에까지 미쳐 지층, 지형, 식생 등의 형성과 변화의 궤적을 인간적인 애정을 가지고 묘사하기도 하였다.

그가 일곱 명의 새색시를 앞에 앉혀놓고 진행한, 땅을 이루는 물질에 비유하여 문화를 논하는 토론식 강의를 옮긴 책 『흙먼지의 윤리Ethics of the Dust』의 마지막이 인상적이다. 강의 후 일곱 명의 새색시가 들판으로 뛰어가는 모습이 자연과 어우러져 일곱 개의 결정結晶이 되는 것 같다고 기술한 부분이다. 결정에 대한 비유는 인간사에서의 의미가 땅과 어우러져 무언가 이루어진다는 뜻이다.

독일 건축가 브루노 타우트Bruno Taut는 그의 책 『알파인 건축 Alpine Architektur』에서 알프스의 결정과 같은 모습에 반해 동일한 형태의 건물군을 제시하였다. 독일 표현주의의 한 방향으로 사람들이 알프스에 모여 사는 광경을 꿈꾼 것이다. 타우트는 1914년 독일공작연맹Deutscher Werkbund 전시회에서도 유리, 유리 블록, 타일을 사용해 꽃봉오리 같은 결정 모양의 파빌리온을 만들었다. 그러나 결정에 대한 로망은 표현주의 이후 1차 세계대전쯤부터 대량생산이라는 코드에 밀려 크게 뻗어나가지 못했다.

독일권 스위스의 건축적 흐름에서 알파인 건축에 대한 로망은 여전하지만, 그간 미니멀리즘 등 모든 사조를 거친 현재 춤토어의 건축은 '장소', '미니멀리즘', '분위기' 등의 키워드를 유지하고 있다. 『분위기Atmosphere』라는 책에서도 나오듯이 춤토어의 건축은 굉장히 일상적인 곳, 즉 비非결정적 모습에서 새로운 알파인 건축의 전통을 만들고 있다. 러스킨의 지질학에 대한 관심이 정치·윤리적이고 타우트의 이상이 탈정치적이며 비현실적이었다면, 춤토어는 진부하고 하찮은 비결정적인 것에 관심을 두며 스위스 특유의 단순함으로 건축적 결정을 만든다.

온천장은 산악의 암석 조각들이 경사지에 모여 있는 모습이며, 그 사이로 조각된 빛이 새어 나오는 형국이다. 반대로 쿤스트하우스는 호숫가에 있어 보다 실험적으로 유리가 벽에 기대어 쌓여 있는 모습이며, 미술관의 기능에 맞도록 부드러워진 빛이 머무는 것으로 디자인되어 있다. 온천장은 돌들이 접합되는 원시 동굴에서 볼 수 있는 텍토닉의 재현이라면, 쿤스트하우스는 구름 속에 있는 듯한 분위기를 만들기 위해 유리를 접합한 새로운

01 02
03

01 콜룸바 미술관
02 클라우스 경당
03 클라우스 경당의 천장

텍토닉의 실험이다.

빛에 대해서 정반대의 해석을 내리고 있는 경향은 콜룸바Kolumba 미술관에서도 이어진다. 미술관은 그곳에 존재했던 교회의 모습을 유지하며 교회의 역사를 느끼고 유물을 관람할 수 있는 장소로 재현되었고, 뚫린 벽은 실내에 오래된 빛을 떨어뜨리고 있다. 들판에 지어진 클라우스Klaus 경당은 아카데믹한 텍토닉을 넘어서서 헛간을 지을 때 쓰는 나무 기둥을 이용하여 거푸집을 만든 후, 콘트리트 벽을 치고 3주 동안 거푸집을 태워 만든 공간 안에 빛이 지붕으로 떨어지며 경이로운 느낌을 만든다. 춤토어는 알파인 건축에서 풍경의 분위기, 지형의 독특함, 빛의 다양함, 전통의 지속 등을 몸에 배게 하였다. 상업적으로 간판이 난무하는 환경이 아닌 차분한 환경에서 빛과 물질에 대해 도전함으로써 비결정적인 모티브에서 단순한 추상적 구조를 만들어내고 있다. 그가 뉴욕 스튜디오에서 가르칠 때 학생들이 밤새도록 대지 분석을 했다는 후문이 있을 정도로, 대지에서 신호를 얻는 것에 대한 그의 집착은 남다르다. 어떤 정보는 소음으로 그친 반면 어떤 정보는 신호가 되었을 것이다. 결정화를 위하여 비결정적인 정보로부터 신호를 얻는 과정이다.

그가 '분위기'와 같은 키워드로 소음과 신호가 섞인 풍경, 환경, 역사를 내세우지만 그의 결과물은 미니멀할 때보다 표정을 지닐 때 더 성공적이었다. 흑연과 다이아몬드가 같은 탄소로 이루어졌지만 전혀 다른 물질이듯이, 결정은 같은 분자구조라도 전혀 다른 환경적 요인에 의해 만들어진다. 춤토어는 한 장소의 오래된 흙과 같이, 사람들이 존엄하게 보이는 결정과 같은 공간을 만든다.

인프라를 지하에 감춘 공원

당인리 화력발전소
건원/해마건축

01
02

01 당인리 화력발전소. 현상설계
조감도. 초기안에는 화력발전소
관리 건물과 시민에 개방되는
시설이 공존한다. 다소 과도한
모습이다.
02 당인리 화력발전소 착공 조감도.
보안 시설과 개방 시설이 공존하되
적절히 제한 구역을 두었다.

혐오 시설이었던 도심의 당인리 화력발전소에 대해 수많은 문
제점들이 제기되었고, 그 대안 중 하나가 화력발전소를 지하에
숨기고 그 위에 시민들을 위한 에너지 파크와 문화 창작 발전소
등을 짓는 것이었다. 초기의 당인리 서울 복합 화력 통합 사무실
기획안에서는 화력발전소 사무실 건물에 전시실, 전망 공간 등
공공을 위해 개방되는 공간들이 계획되어 보안이 요구되는 발

전소의 개념과는 다소 거리가 있었다.

발전소 통합 사무실은 발전소를 운영하는 중심 보안 시설이기에 모두에게 개방하는 공간이 될 수 없었다. 따라서 통합 사무실은 발전소를 운영하면서 지하 발전소의 입구 역할을 하는 출입제한 구역으로 변하고, 2018년 가동이 중지될 발전소 4, 5호기가 문화 창작 발전소로 개방되는 계획으로 수정되었다.

계획안에 따르면 발전소 지상에 공공 공간이 생기고, 홍대 문화의 거리에서 한강을 따라 밤섬 생태 관찰 덱으로 이어지는 축이 좌우로 위치해 있으며, 열린 공간과 제한된 구역으로 나뉘어 있다. 애초에는 공기업인 한국중부발전이 발전소를 재정비하는 차원에서 발전소를 재건하고자 했는데 주변 거주자들의 반대가 심하여 마포구청과 협의한 결과, 공공에 공간을 개방하자는 의미에서 복합 문화 예술 공간이 도출되었다. 아티스트들이 모여 이뤄진 홍대 거리의 활성화가 아래서부터 진행된 것이라면, 관주도로 조성되는 복합 문화 예술 공간이 홍대 거리의 연장이 될 수 있을지는 두고 볼 일이다.

발전소 대지의 남쪽은 한강 변에 위치해 있어 공공 공간의 가능성이 더 크다. 그리고 가까운 곳에 람사르 습지로 지정되어 서울에서 유일하게 사람이 들어가지 못하는 밤섬이 있다. 이 밤섬을 바라보기 위해 최근 진행된 설계 공모를 통해 '밤섬 생태 관찰 덱'이 계획되고 있다. 당선작은 매스스터디스가 설계한 '위성 밤섬과 부유하는 보'라는 안이다. 인간에 의해 파괴된 공간을 자연의 힘을 빌려 다시 구축하자는 방안이다.

부유하는 보는 어쩌면 인간이 만든 '철골'을 뜻하고, 이 구조물이 한강의 생태계 및 자연에 끼친 영향을 표현한 것으로 볼 수 있다. 그리고 위성처럼 떠 있는, 밤섬을 상징하는 각 섬은 현재의 밤섬이 우리에게서 멀리 고립되어 스스로 재생한 것과 같이, 정적으로 존재하면서 자연 재생하도록 내버려두는 것이다. 대신

매스스터디스의 '위성밤섬과 부유하는 보'. 기존의 둔치를 없애고 섬과 같은 모양으로 만들되, 보행로는 다리 형식으로 바꾸었다. 플로팅 구조가 적용되어 강 위에 떠 있는 관찰 덱에서 다양한 방향으로 밤섬을 관찰할 수 있다. 나무와 수초를 자라게 하여 재자연화되는 모습을 지향한다.

이런 변화를 떨어져 관찰함에 따라 섬에 인간의 손길이 최소한 으로 가해지는 방식을 취한다. 인공화된 자연이 스스로 재생하 는 모습을 조용히 지켜보며 서로 상생하는 모습을 그렸다는 점 에서, 이 공간은 우리가 앞으로 자연을 어떻게 대하며 살아가야 하는지 보여주는 역할을 할 것으로 기대한다.

시간을 기록해가는 기지

마포 문화비축기지
허서구/RoA건축/이재삼

마포 문화비축기지

상암동 석유비축기지는 1970년대에 터진 오일쇼크 이후 유사
시에 석유 보유량을 확보하기 위해 만들어놓은 1급 군사시설이
었다. 2002년 맞은편에 서울월드컵경기장이 지어지면서 석유
비축기지는 위험 시설로 분류되어 용도 폐기되었다. 서울시 외
곽에 위치한 상암동의 역사는 쓰레기장이나 석유 비축 시설 등
도심의 화려함에 대비되는 소위 혐오 시설들로부터 시작된다.
2000년 이후 상암동은 미디어 타운, 친환경 공원, 경기장이 들
어서면서 급격한 변화를 겪고 있다.

최근 완공된 마포 문화비축기지는 바위산에 감춰진 석유비축기
지를 재생하여 만든 공공 문화시설이다. 석유비축기지는 바위
산을 깨고 발파한 공간에 유류 저장 탱크 다섯 개를 앉히고 콘크
리트 벽을 만든 다음 다시 철제 탱크를 올린 시설로, 40년이 지
난 후 콘크리트, 철, 암석 등이 서로 풍화되어 녹으로 뒤덮이게
되었다.

국제 설계 공모로 진행된 설계안 심사에서 일본 건축가 이토 도요는 당선안에 높은 점수를 주며 기대심을 내비쳤다 한다. 그도 그럴 것이 일본 건축가들에게 2011년 쓰나미로 인한 피해는 자연 앞에 한없이 무력한 건축에 대해 많은 것을 생각하게 했던 것이다. 원래 일본의 건축은 지진이나 원자폭탄 투하 등을 겪으며 대재앙 이후의 소생이라는 주제에 기반해 지진에 무너져도 크게 해를 주지 않는 낮은 목조건축이 주조를 이루었다. 그러나 2011년의 쓰나미는 땅이 주는 두려움을 자연으로 받아들이는 일본 건축가들에게도 큰 충격으로 다가왔고, 이토 도요 또한 이후 많은 강의를 쓰나미 영상으로 시작하며, 자연에 거스르지 않는 건축을 주장해왔다. 2014년 미국의 건축가 토드 윌리엄스와 빌리 치엔이 전시회를 기획하며 건축가들에게 본인에게 가장 소중한 물건들을 보내달라 했을 때 이토 도요는 쓰나미에 휩쓸린 마을의 돌과 콘트리트 파편을 담아 보낼 정도로 건축의 나약함에 대해 가슴 아파했다.

건축가 허서구와 RoA건축의 공동 작업인 당선안은 여러 매체에서 밝힌 대로, 훼손된 원지형인 바위를 회복하는 듯한 모습의 탱크 공간을 제시하였다. 원래는 탱크가 다섯 개이지만 탱크 하나를 추가로 신축했다. 탱크 1은 콘크리트 기초에 철제를 없애고, 유리 파빌리온으로 만들어 40년 전 바위산 발파 시 형성된 탱크 주위의 석산이 풍화되면서 재자연화된 모습을 360도 돌아가며 볼 수 있게 하였다. 탱크 2는 탱크 기초 위를 야외 공연장으로 만들었고, 탱크 4는 원래 모습 그대로 보존하였다. 여섯 개의 탱크는 각각 다른 전략으로 만들어져서 서로 다른 시간의 모습을 재현한다.

원래의 탱크, 없어진 탱크, 밑동만 남은 탱크, 유리로 대체된 탱크, 옛 껍데기로 새로 만들어진 탱크, 땅에 동그랗게 그려져 있는 탱크와 같은 원 등 각각의 오브제는 그 모습이 암시하는 시간에 대해 강력하게 어필하고 있다. 각각의 공간에 담길 프로그램이나 이벤트도 마치 무언가가 일어날 것 같은 잠재성을 내포하고 있어, 이곳에서 느껴지는 감정은 역사 유적이 남아 있는 폐허에서 상상하는 것과 크게 다르지 않다.

원래 다섯 개의 탱크가 각기 다른 종류의 기름을 담는 용기였듯이, 지금의 탱크들도 점점 다른 형식으로 문화를 비축해나갈 것이다. 그러나 탱크와 탱크 사이의 잘 닦여진 콘크리트 바닥과 시설의 스케일은 아직 시간의 때가 묻지 않아 생경한 모습이다. 건축가들이 추구했던 원지형은 완벽히 회복되지 않았지만, 새로운 문화의 지형이 형성되기 위한 탱크들을 구비한 것이리라. 70년대에는 국가 비상 시기를 위하여 석유를 비축하였다면, 21세기에 문화를 창조해나가기 위한 기지로 재탄생한 마포 문화비축기지는 하나의 장소라기보다는 다양한 시간을 드러내는 동시에 미래의 시간을 만들기 위한 기지로 보인다.

강의 재자연화

낙동강은 수중보 설치 후 수년 동안 많은 물고기들이 폐사하였다. 현재는 더 이상 폐사가 일어나지 않는다. 죽을 물고기조차 없기 때문이다. 바다에서도 비슷한 일이 벌어지고 있다. 1970년대부터 바다에 콘크리트 인공 어초를 1조어치 이상 집어넣었다. 그러나 콘크리트의 독성 때문에 바닷속은 가히 충격적이다. 무분별하게 콘크리트 덩어리를 집어넣은 결과다.

수중보와 콘크리트 둑은 수위 조절은 잘할지 모르지만, 수질 관리에는 실패했다. 고질적인 홍수로 인한 피해를 막기 위해서는 콘크리트 둑이 아니라 제방의 높이와 홍수 이후 진흙이 쉽게 빠지게 하는 구조를 만들어 관리해야 한다. 홍수 관리에도 콘크리트 수중보와 둑만이 아닌 다른 방법이 필요한 이유다. 홍수 때 수위 관리보다 더 중요한 것은 평상시의 수질 관리다.

수질 관리를 위해서는 수중보를 걷어내고 하천은 재자연화해야 한다. 개발 시대에 집과 인프라를 건설하기 위해 하천 바닥을 퍼내 생태계가 이미 한 번 죽었다면, 수중보 건설 이후의 하천은 인공호흡기를 떼어낸 상황과 같다.

하천을 재자연화하기 위해서는 무엇보다 하천의 바닥과 천변에 진흙과 돌이 가득하게 만들어야 한다. 개발을 위해 없애버린 수마석水摩石을 콘트리트 대신 넣어야 한다. 건강한 퇴적은 수위를 조절한답시고 만든 콘트리트 보가 아니라 자연적으로 하천의 바닥과 천변에 쌓이는 수마석에 의해 일어난다. 무거운 수마석은 자리를 잡고 가벼운 돌은 물에 흘러가 적절한 곳에 쌓이면서 자연스레 퇴적이 일어나 수초가 자라고 송사리가 돌아와야 하천도 숨을 쉴 수 있게 된다.

현재 한강의 노들섬을 보면, 용산과 노들섬 사이는 퇴적이 일어나 유람선이 지나갈 수 없다. 노들섬을 만들기 이전인 1950년대의 용산과 노들섬은 모래톱으로 이어진 강변이었다. 콘크리트로 둔치를 만들어 용산과 섬을 분리해놓아도 퇴적의 힘은 무시할 수 없다. 두 개의 섬이었던 밤섬도 퇴적으로 인해 하나의 섬이 될 정도니 말이다. 람사르 습지로 보호되는 밤섬에만 백로가 날아든다. 밤섬에는 사람들의 출입이 제한되어 철새가 텃새가 되기도 하지만 당분간 재자연화의 모델로 역할하기 위해서는 섬을 보호해야 한다. 강의 호흡은 자연적 퇴적과 침식의 작용으로 이루어진다. 우리가 할 수 있는 것은 그 거대한 흐름을 거스르지 않으며 자연스럽게 생태계가 스스로 복원될 수 있도록 도와주는 것일 뿐이다. 재자연화가 중요한 이유다.

대다수 하천의 기슭을 이루는 인공 호안을 자연형 하천과 자연 호안으로 대체할 필요가 있다. 인공 호안의 자연화를 통해 하천의 관리 및 유지 비용도 절감할 수 있으며, 새로운 관광자원의 역할을 하는 자연 경관을 복원할 수 있다. 호안의 자연화가 수해 대응에 취약하다거나 구조적 문제를 야기한다는 지적은 이미 여러 연구를 통해 반박되었다. 흙, 모래, 돌, 풀, 나무와 같은 자연의 재료가 콘크리트를 충분히 대체할 수 있고, 오히려 자연형 하천이 생태의 건강을 향상시키고 친수성을 증진하면서도 치수治水에도 용이하다.

도판 출처

19쪽 라스코 동굴벽화 ©Bayes Ahmed
19쪽 프라하 국립기술도서관 ©Pavel Culek
20쪽 프라하 국립기술도서관 ©ŠJú
20쪽 프라하 국립기술도서관 계단 ©Ilya Rudomilov
20쪽 프라하 국립기술도서관 내부(하) ©Petr Urbanec
27쪽 레이크 쇼어 드라이브 아파트 ©Marc Rochkind
27쪽 시그램 빌딩 ©Jules Antonio
28쪽 에베르스발데 기술 학교 도서관 ©Immanuel Giel
28쪽 베이징 국립경기장 ©Peter23
31쪽 미스의 바르셀로나 파빌리온 ©malouette
32쪽 쿤스트하우스의 표면 ©Hans Peter Schaefer
35쪽 프루베의 민중회관
　　　 데이비드 레더배로우 모센 모스타피비 저,
　　　 송하엽·최원준 역,『표면으로 읽는 건축』동녘, 2009
45쪽 빌바오 구겐하임 미술관 ©Mariordo
46쪽 뉴욕 구겐하임 미술관 ©Sam valadi
48쪽 갤러리 온그라운드의 지붕 ©조병수
51쪽 서촌 풍경(상, 하) ©김태형
56쪽 라이트의 낙수장 ©brian donovan
56쪽 라이트의 위스콘신 주택 ©Americasroof
56쪽 파티마 성지의 대리석 길 ©dynamosquito
57쪽 반 시게루의 커튼월 하우스 ©準建築人手札網站
57쪽 헤르조그 앤드 뫼롱의 1111 링컨 로드(좌, 우)
　　　 ©準建築人手札網站
59쪽 MVRDV의 데 트랩 ©FaceMePLS
60쪽 DDP ©Ken Eckert
65쪽 마키 후미히코의 스파이럴 빌딩 ©Wiiii
65쪽 렘 콜하스의 CCTV 빌딩 ©poeloq
67쪽 어반 포세 ©Diliff
75쪽 아우구스투스 황제의 영묘 ©Russell Yarwood
75쪽 판테온 ©Richjheath
75쪽 찬디가르 의사당 ©duncid
76쪽 애플 신사옥 계획안 ©準建築人手札網站
84쪽 메리온 저택 ©Dmadeo

85쪽   반스 미술관 ©Ron Cogswell
89쪽   디에고 리베라의 프레스코화 ©Carptrash
96쪽   뮌스터 거리 풍경 ©Rüdiger Wölk
96쪽   람버티 교회의 철창 ©Tobias von der Haar
97쪽   책의 길 ©Bernhard Kils
99쪽   윤동주 문학관 ©전한
100쪽 고 노무현 대통령 묘소 ©Seongbin Im
101쪽 서울 성곽 ©전한
101쪽 시인의 언덕 ©전한
103쪽 서울의 야경 ©Larry Koester
112쪽 하이라인 ©David Berkowitz
113쪽 서울로 ©Ossip van Duivenbode
115쪽 뚝섬 전망문화콤플렉스 ©한햇님
116쪽 세빛섬 ©전한
119쪽 서울로 ©Ossip van Duivenbode
120쪽 서울로 ©분당선M
125쪽 파리 노트르담 대성당 ©Jérôme BLUM
125쪽 몽생미셸 ©Diliff
126쪽 애프콧의 영국 거리 ©Benjamin D. Esham
127쪽 M50 ©Fabio Achilli
127쪽 티엔즈팡 ©Fabio Achilli
131쪽 산타 카테리나 마켓 ©John Fader
132쪽 마르크트할 외부, 내부 ©Paul Arps
135쪽 완주 농협 창고 ©overroad89(http://g-rapid.kr)
136쪽 발란싱 반 ©William M. Connolley
137쪽 글라스 팜 ©AGC Glass Europe
139쪽 세비야 대성당의 히랄다 탑 ©Paul Hermans
140쪽 홍콩 아시아문화센터 ©김승범
140쪽 홍콩 아시아문화센터의 연결 브리지 ©김승범
144쪽 김수근의 옛 부여박물관 ©김영재
144쪽 아크로폴리스 언덕과 파르테논 신전 ©Aleksandr Zykov
145쪽 아크로폴리스 언덕에서 내려다본 박물관 ©Gregor Hagedorn
145쪽 아크로폴리스 박물관(좌) ©Wikiolo
145쪽 아크로폴리스 박물관(우) ©Dimitris Kamaras
146쪽 페디먼트, 메토페, 프리즈 조각 ©piet theisohn
164쪽 베를린 유대인박물관(상) ©Studio Daniel Libeskind
164쪽 베를린 유대인박물관 ©Jorge Royan
164쪽 베를린 유대인박물관(우) ©Elisabeth Belik
165쪽 조각 ‹떨어진 잎›(상) ©Dominic Simpson
166쪽 드레스덴 군사박물관 ©Adam Jones
166쪽 드레스덴 군사박물관(우) ©Unterillertaler
166쪽 드레스덴 군사박물관(하) © Nick-D
167쪽 난징대학살기념관 ©史氏
171쪽 산타 카테리나 마켓 ©Christine Zenino
172쪽 후안 미로의 ‘농장’ ©Jari Jakonen
173쪽 타라고나 시청사 ©Pedrojdelgado
174쪽 스코틀랜드 의회당(좌) ©Bernt Rostad
174쪽 스코틀랜드 의회당(우) ©Mary and Angus Hogg
174쪽 스코틀랜드 의회당 정원 ©Richard Webb
178쪽 왕수의 닝보 박물관 ©Siyuwj
186쪽 베키오 다리 ©JasonF007
187쪽 홍콩의 구룡성채 ©準建築人手札網站
187쪽 베네수엘라의 토레 데 다비드 ©EneasMx
195쪽 원 뉴 체인지 내부 ©Tom Morris
196쪽 카르티에 재단 건물의 출입구 ©Rory Hyde
196쪽 아랍문화원(좌) ©Matito
196쪽 아랍문화원(우) ©Rory Hyde
197쪽 케브랑리 박물관 ©Andreas Praefcke
198쪽 원 센트럴 파크 ©bobarc
200쪽 발스의 온천장 ©Roland Zumbühl
200쪽 브레겐츠의 쿤스트하우스 ©William
202쪽 콜룸바 미술관 ©Hpschaefer
202쪽 클라우스 경당의 천장 ©seier+seier
212~213쪽 공항 ©Thomas Leuthard

22세기 건축

21세기 건축으로 미래를 보다

1판 1쇄 발행 | 2017년 11월 30일
1판 2쇄 발행 | 2018년 5월 15일

지은이 송하엽

펴낸이 송영만
디자인자문 최웅림

펴낸곳 효형출판
출판등록 1994년 9월 16일 제406-2003-031호

주소 10881 경기도 파주시 회동길 125-11
전자우편 info@hyohyung.co.kr
홈페이지 www.hyohyung.co.kr
전화 031 955 7600 | 팩스 031 955 7610

이 도서의 국립중앙도서관 출판예정도서목록(CIP)은 서지정보유통지원시스템
홈페이지(http://seoji.nl.go.kr)와 국가자료공동목록시스템(http://www.nl.go.kr/kolisnet)에서
이용하실 수 있습니다.(CIP제어번호: CIP2017029722)

이 책은 한국출판문화산업진흥원의 출판콘텐츠 창작자금을 지원받아 제작되었습니다.